高等职业教育规则教材

液压与气动应用技术

(第二版)

赵家文　赵　淳　主编

苏州大学出版社

图书在版编目(CIP)数据

液压与气动应用技术 / 赵家文,赵淳主编. — 2版. —苏州：苏州大学出版社,2013.8(2025.1重印)
高等职业教育规划教材
ISBN 978-7-5672-0597-0

Ⅰ.①液… Ⅱ.①赵… ②赵… Ⅲ.①液压传动—高等职业教育—教材②气压传动—高等职业教育—教材 Ⅳ.①TH137②TH138

中国版本图书馆CIP数据核字(2013)第189087号

液压与气动应用技术
（第二版）

赵家文　赵　淳　主编

责任编辑　周建兰

苏州大学出版社出版发行
（地址：苏州市十梓街1号　邮编：215006）
广东虎彩云印刷有限公司印装
（地址：东莞市虎门镇黄村社区厚虎路20号C幢一楼　邮编：523898）

开本 787 mm×1 092 mm　1/16　印张 13.5　字数 337千
2013年8月第1版　2025年1月第15次印刷
ISBN 978-7-5672-0597-0　定价：35.00元

苏州大学版图书若有印装错误,本社负责调换
苏州大学出版社营销部　电话：0512-67481020
苏州大学出版社网址　http://www.sudapress.com

前　言

本书基础理论以够用为度,注重实际应用,阐明液压与气压传动的基本概念,概括液压与气压传动的共性问题,重点从使用角度讲清液压和气动元件的结构、工作原理和特性,液压和气动基本回路的组成和功能,注意讲明分析液压和气动系统的方法。

本教材以液压与气动元件为核心,以基本回路为基础,介绍相关的基础理论、元件的结构和工作原理、基本回路的功能和组成,逐步推广到液压与气动系统。本书理论和实践相结合,力求层次清楚、深入浅出、通俗易懂。

本教材编写过程中,注重突出以下特色:

1. 编写理念创新

本教材以少而精的理念取材和编排章节,精选内容,通俗易懂,叙述简单明了,特别适用于少学时的液压与气压传动课程的教学。

2. 注重技术应用

高职教育旨在培养工程技术应用型人才,这就决定了教材建设必须突出应用性。对理论部分,以够用为度,重点介绍目前广泛应用的液压与气压元件的结构、原理及其实际应用,液压与气压传动的基本回路以及液压系统的设计方法。

3. 术语标准规范

本教材中的名词术语、物理量的符号与单位及液压与气压传动的图形符号都采用最新国家标准。

本教材分为上篇"液压传动技术"和下篇"气动技术"。上篇主要介绍了液压传动基础知识、液压泵与液压马达、液压缸、液压控制阀、液压辅助元件、液压基本回路、典型液压传动系统、液压伺服和电液压比例控制技术等;下篇主要介绍了气压传动基础知识、气动执行元件、气动控制元件、气动基本回路和典型气动系统等;附录扼要地介绍了最新国家推荐性标准 GB/T 786.1—2009 中规定的部分液压与气压传动图形符号。

本教材由南京工业职业技术学院的赵家文、苏州技师学院的赵淳任主编,常州机电职业技术学院的徐先良、金肯职业技术学院的何家林任副主编,南京工业职业技术学院的翁秀奇等参与了教材编写工作。具体编写分工如下:第一章、第二章、第十章由赵家文编写;第三章、第四章、第五章、第六章由徐先良编写;第七章、第八章、第九章由赵淳编写;第十三章、第十四章及附录由何家林编写;第十一章、第十二章由翁秀奇编写。本教材由赵家文负责统稿和定稿。

在编写过程中,苏州技师学院的金勤明对本教材提出了许多建设性意见,在此一并表示感谢。敬请广大读者对本教材中的疏漏之处予以关注,并将意见、建议反馈给我们,以便及时修订完善。

编　者

2013.7

Contents 目录

上篇　液压传动技术

第一章　概论 (001)

 第一节　液压传动的工作原理 (001)

 第二节　液压传动系统的组成 (002)

 第三节　液压传动的特点 (004)

 第四节　液压传动的应用及发展前景 (005)

 复习与思考 (005)

第二章　液压传动基础知识 (006)

 第一节　液压油 (006)

 第二节　流体力学基础知识 (011)

 第三节　液体在管路内流动时的压力损失 (018)

 第四节　影响液体流量的因素 (020)

 第五节　液压冲击和空穴现象 (021)

 复习与思考 (023)

第三章　液压泵与液压马达 (024)

 第一节　概述 (024)

 第二节　齿轮泵与齿轮液压马达 (026)

 第三节　叶片泵与叶片式液压马达 (031)

 第四节　柱塞泵与柱塞式液压马达 (037)

 第五节　液压泵的选用 (041)

 复习与思考 (042)

第四章　液压缸 (043)

 第一节　液压缸的工作原理、类型及特点 (043)

第二节　液压缸的类型与基本参数计算 …………………………………… (044)

第三节　液压缸的结构、组成及安装形式 …………………………………… (048)

复习与思考 …………………………………………………………………… (053)

第五章　液压控制阀 …………………………………………………………… (055)

第一节　概述 …………………………………………………………………… (055)

第二节　方向控制阀 …………………………………………………………… (056)

第三节　压力控制阀 …………………………………………………………… (065)

第四节　流量控制阀 …………………………………………………………… (074)

第五节　叠加阀 ………………………………………………………………… (078)

第六节　二通插装阀 …………………………………………………………… (080)

第七节　电液比例控制阀 ……………………………………………………… (086)

复习与思考 …………………………………………………………………… (087)

第六章　液压辅助元件 ………………………………………………………… (088)

第一节　密封装置 ……………………………………………………………… (088)

第二节　管件 …………………………………………………………………… (091)

第三节　油箱及附件 …………………………………………………………… (093)

第四节　过滤器 ………………………………………………………………… (095)

第五节　蓄能器 ………………………………………………………………… (098)

复习与思考 …………………………………………………………………… (100)

第七章　液压基本回路 ………………………………………………………… (101)

第一节　概述 …………………………………………………………………… (101)

第二节　方向控制回路 ………………………………………………………… (101)

第三节　压力控制回路 ………………………………………………………… (104)

第四节　速度控制回路 ………………………………………………………… (109)

第五节　多缸控制回路 ………………………………………………………… (120)

第六节　其他控制回路 ………………………………………………………… (124)

复习与思考 …………………………………………………………………… (125)

第八章　典型液压传动系统 …………………………………………………… (128)

第一节　组合机床动力滑台液压系统 ………………………………………… (128)

第二节　冲床液压系统 ………………………………………………………… (131)

第三节　MJ-50型数控车床液压系统 ………………………………………… (133)

第四节　注塑机液压系统 ……………………………………………………… (136)

复习与思考 …………………………………………………………………… (141)

第九章　液压伺服和电液压比例控制技术 ············ (142)

　　第一节　液压伺服控制 ············ (142)
　　第二节　电液比例控制 ············ (146)
　　第三节　计算机电液控制技术 ············ (150)
　　复习与思考 ············ (152)

下篇　气动技术

第十章　气压传动基础知识 ············ (153)

　　第一节　气动系统的组成 ············ (153)
　　第二节　气压传动技术的特点及应用 ············ (154)
　　第三节　空气的性质 ············ (155)
　　第四节　气源装置 ············ (156)
　　第五节　气动辅助元件 ············ (158)
　　复习与思考 ············ (162)

第十一章　气动执行元件 ············ (163)

　　第一节　气缸 ············ (163)
　　第二节　气马达 ············ (167)
　　复习与思考 ············ (169)

第十二章　气动控制元件 ············ (170)

　　第一节　方向控制阀 ············ (170)
　　第二节　压力控制阀 ············ (177)
　　第三节　流量控制阀 ············ (179)
　　第四节　气动逻辑阀 ············ (180)
　　复习与思考 ············ (185)

第十三章　气动基本回路 ············ (186)

　　第一节　压力控制回路 ············ (186)
　　第二节　速度控制回路 ············ (187)
　　第三节　气液联动控制回路 ············ (189)
　　第四节　安全保护和操作回路 ············ (191)
　　第五节　顺序动作回路 ············ (193)
　　复习与思考 ············ (194)

第十四章　典型气压传动系统 (195)

第一节　气动钻床气压传动系统 (195)

第二节　气动机械手气压传动系统 (196)

第三节　数控加工中心气动换刀系统 (197)

复习与思考 (199)

附录　常用液压与气动元件图形符号 (200)

参考文献 (207)

上篇　液压传动技术

第一章　概　论

液压传动与气压传动(简称液压与气动)是以受压的液体或气体作为工作介质,在密闭系统中传递运动和动力。它与机械传动相比具有许多特点,所以在现代工业中,液压与气动技术得到了广泛应用。

第一节　液压传动的工作原理

液压传动的工作原理可以用一个手动液压千斤顶的工作原理来说明。

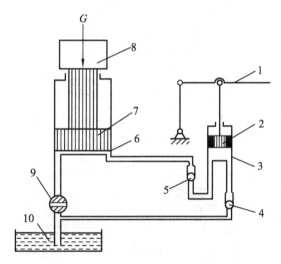

1—杠杆手柄　2—小活塞　3—小缸体　4、5—单向阀
6—大缸体　7—大活塞　8—重物　9—放油阀　10—油箱

图 1.1　手动液压千斤顶工作原理示意图

如图 1.1 所示,由大缸体 6 和大活塞 7 组成举升液压缸。杠杆手柄 1、小活塞 2、小缸体 3、单向阀 4 和 5 组成手动液压泵。当提起杠杆手柄使小活塞向上移动时,小活塞下端油腔容积增大,压力降低,形成局部真空;此时,油箱 10 中的油液在大气压强的作用下,经吸油管推开单向阀 4 进入手动液压泵下腔,这个过程称为吸油;当压下杠杆手柄使小活塞下移时,

小活塞下腔压力升高,单向阀4关闭,下腔内的油液顶开单向阀5进入举升液压缸大活塞的下腔,推动大活塞7向上移动,顶起重物,这个过程称为压油。再次提起杠杆手柄吸油时,举升缸下腔的压力油将试图倒流回手动液压泵内,但此时因为压差的原因使单向阀5自动关闭,油液不能倒流,从而保证了重物不会自行下落。如此反复地提、压杠杆手柄,便可使重物不断升高,以达到起重的目的。适当地选择大、小活塞面积和杠杆比,就能以很小的外力升起很重的负载 G。当需要将重物放下时,打开放油阀9,大缸体中的油液在重物重力作用下经此阀流回油箱,大活塞下降到原位。

由以上分析过程可知:液压传动是以密封空间中的液体作为工作介质,利用密封容积变化过程中的液体压力实现运动和动力的传递。它具有两个特征:

(1) 传递运动和动力的液体必须受压。
(2) 运动和动力是通过密闭系统传递的。

第二节　液压传动系统的组成

图 1.2(a)是一台经简化的磨床工作台液压系统的组成及工作原理图。图中液压泵3由电动机驱动,其作用与手动液压千斤顶中的手动泵相同。工作台由一个单活塞杆液压缸驱动实现往复直线运动,与手动液压千斤顶不同,它有两个进、出油口。对液压缸动作的基本要求:能实现往复直线运动,可以变速和换向,在任意位置能停留,承受负载的大小可以调节等。

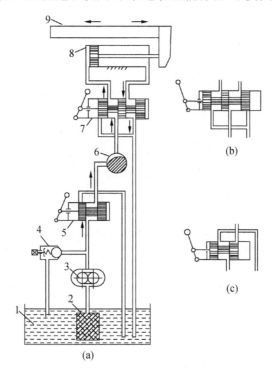

1—油箱　2—过滤器　3—液压泵　4—溢流阀
5、7—换向阀　6—节流阀　8—液压缸　9—工作台

图 1.2　磨床工作台液压系统的组成及工作原理图

电动机驱动液压泵 3 旋转,油箱 1 中的液压油经过滤器吸出,并通过液压泵输入系统。在图 1.2(a)所示状态,压力油经换向阀 5、节流阀 6 和换向阀 7 进入液压缸 8 左腔,在压力推动下,活塞带动工作台 9 向右运动。这时,液压缸右腔中的油液经换向阀 7 和回油管流回油箱。搬动手柄将换向阀 7 的阀芯移到左端位置,如图 1.2(b)所示,压力油进、出液压缸的方向发生改变,液压缸活塞带动工作台向左运动,从而实现工作台的换向。

液压缸活塞的运动速度由节流阀 6 调节。改变节流阀开口量的大小,便可调节进入液压缸油液的流量,从而控制工作台的运动速度。液压泵输出的多余油液,经溢流阀 4 和回油管流回油箱。

溢流阀 4 除了可以让液压泵输出的多余油液流回油箱外,同时还可调节液压泵的最高输出压力,其调定值略高于由负载决定的液压缸工作压力,以克服负载及弥补油液流经节流阀、换向阀和管道的压力损失。液压缸的工作压力不会超过溢流阀的调定压力,因此溢流阀可起定压和过载安全保护作用。

搬动手柄使换向阀 5 处于图 1.2(c)所示位置,液压缸的进油路被切断。这时液压泵输出的油液经换向阀 5 和回油管直接流回油箱,工作台停止运动。此时液压泵没有负载,输出的油液没有压力(忽略管路压力损失),这种状态称为卸荷。

过滤器用以过滤油液中的杂质,防止它们进入泵和液压系统,以保证系统中油液的清洁。

在图 1.2(a)中,组成液压系统的元件是用半结构图形表示的,称为结构原理图。这种原理图直观性强、容易理解,但图形比较复杂,难于绘制,系统元件数量多时更是如此。为此,通常采用图形符号来绘制液压系统图,这样可使液压系统简单明了,便于绘制。图 1.3 为用图形符号表示的磨床工作台液压系统。

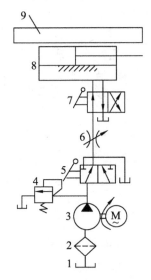

1—油箱　2—过滤器　3—液压泵　4—溢流阀
5、7—换向阀　6—节流阀　8—液压缸　9—工作台

图 1.3　用图形符号表示的磨床工作台液压系统

常用液压元件的图形符号见附录。

从上面的例子可以看出，液压传动系统由以下五部分组成：

（1）动力元件——液压泵。它为液压传动系统提供具有一定流量的压力油，是液压传动系统的能源装置，用于将原动机输入的机械能转换为液体的压力能。

（2）执行元件——液压缸或液压马达。它用于将液体的压力能转换为机械能，驱动工作部件。液压缸实现往复直线运动，输出力和速度；液压马达实现旋转运动，输出转矩和转速。

（3）控制元件——各种控制阀，如溢流阀、节流阀、换向阀等。用于对液压传动系统中液流的压力、流量和流动方向进行控制，以保证执行元件运动的各项要求。

（4）辅助元件——各种管接头、油管、油箱、过滤器、蓄能器等。在液压传动系统中起连接、储油、过滤等作用。

（5）工作介质——液压油。用于实现运动和动力的传递。

第三节　液压传动的特点

与机械传动、电气传动相比，液压传动具有很多优点：

（1）能方便地实现无级调速，调速范围大。

（2）在相同输出功率的情况下，体积小、重量轻。在大功率时，这一特点尤为突出。例如，液压马达的体积和重量只有同等功率电动机的 12% 左右。而且液压元件可在很高的压力下工作（可高达 31.5MPa 以上），因此液压传动能传递很大的力或转矩。

（3）液压装置由于重量轻、惯性小、工作平稳、换向冲击小，易于实现快速启动、制动和频繁换向，液压马达的换向频率每分钟可达 500 次，液压缸的换向频率每分钟可达 400～1000 次。

（4）采用油液作为工作介质，液压元件能实现自行润滑，使用寿命较长。

（5）液压传动系统可应用溢流装置，易于实现过载保护。

（6）液压元件已经实现系列化、标准化和通用化，有利于缩短机器的设计、制造周期和降低制造成本。

液压传动的缺点是：

（1）由于油液的可压缩性和泄漏等因素的影响，液压传动不能保证严格的传动比。

（2）液压油对温度的变化很敏感，所以液压传动不宜在很高或很低的温度条件下工作；而且液压油会污染环境，不易防火。

（3）液压传动由于存在着机械摩擦损失、液体的压力损失和泄漏损失，而且还有两次能量形式的转换，所以效率较低，故不宜作远距离传动。

（4）为了减少泄漏，以及满足某些性能上的要求，液压元件的制造精度要求较高。

（5）使用和维修技术要求较高，出现故障时不易找出原因。

第四节　液压传动的应用及发展前景

工业生产中各个部门应用液压传动技术的出发点是不尽相同的。有的是利用它们在传递动力上的长处，如工程机械和航空工业中采用液压传动主要是由于其结构简单、体积小、重量轻、输出的功率大；有的是利用它们在操纵控制方面的优势，如机床上采用液压传动是由于其在工作过程中能实现无级调速、易于实现频繁的换向、易于实现自动化。

随着机电一体化设备自动化程度的不断提高，液压元件在机电设备中的应用越来越广。液压元件呈小型化、系统集成化已是发展的必然趋势。特别是液压技术与传感技术、微电子技术的紧密结合，使得近年来出现了诸多新型液压元件，如电液比例阀、数字阀、电液伺服阀等，机液电一体化的组合元器件，使液压技术向着高压、大功率、低噪音、节能高效、集成方向发展。同时，液压系统的计算机辅助设计(CAD)、计算机辅助测试(CAT)、计算机直接控制(CDC)、计算机实时控制技术、机电一体化技术、计算机仿真和优化设计技术、可靠性技术，以及污染控制技术等也是当前液压传动技术研究和发展的方向。

 复习与思考

1. 什么叫液压传动？
2. 试述液压传动的工作原理。
3. 试述液压传动系统的组成。
4. 液压传动有哪些优缺点？

第二章　液压传动基础知识

第一节　液压油

一、液压油的主要物理性质

1. 密度

单位体积内所含液体的质量称为该液体的密度,即

$$\rho = \frac{m}{V} \tag{2-1}$$

式中,m 为体积为 V 的液体质量,V 为液体的体积。

液压油密度因油牌号而异,并随温度升高而减小,随压力提高而增大。由于液压系统中工作压力和油温变化不大,密度变化甚微,所以可将液压油密度视为常数。在计算时,常取 20℃时液压油的密度 $\rho_{20} = 880 \text{kg/m}^3$。

2. 可压缩性

液体受压力作用后其体积减小的性质称为液体的可压缩性。可压缩性的大小用体积压缩系数 κ 表示。

体积压缩系数指液体在单位压力变化时的体积相对变化量,即

$$\kappa = -\frac{1}{\Delta p} \frac{\Delta V}{V} \tag{2-2}$$

式中,Δp 为压力增量($\Delta p > 0$),ΔV 为压力增大时的体积变化量($\Delta V < 0$),V 为压力增大前的液体体积。

因为 ΔV 为负值,为使 κ 为正值,故在等号右边加一负号。

体积压缩系数 κ 的倒数称为液体的体积弹性模量,用 K 表示,即

$$K = \frac{1}{\kappa} \tag{2-3}$$

在实际应用中,常用体积弹性模量衡量液体抵抗压缩的能力,它表示产生单位体积相对变化量所需要的压力增量。在常温下,纯净液压油的体积弹性模量为 $1.4 \times 10^9 \sim 2.0 \times 10^9 \text{Pa}$,而钢的体积弹性模量为 $2.0 \times 10^{11} \sim 2.1 \times 10^{11} \text{Pa}$。由此可见,液压油的可压缩性是钢的 100~150 倍。在一般液压系统中,由于工作压力不高,压力变化不大,故可认为液压油是不可压缩的。但在研究液压系统的动态特性或在压力变化很大的高压系统中,则必须考虑液体可压缩性的影响。

以溶解形式存在于液压油中的空气对液压油的可压缩性没有影响;而以混合形式存在于液压油中的空气对液压油的可压缩性影响很大。所以,液压系统在使用时应尽量设法不使油液中混入空气。

3. 黏性

当液体在外力作用下流动时,液体的分子之间产生相对运动,由于分子与分子之间的内聚力阻碍这种运动,从而在液体中产生内摩擦力。液体在流动时产生内摩擦力的特性称为黏性。静止状态下液体不呈现黏性。

液体黏性大小用黏度表示。常用黏度有三种:动力黏度、运动黏度和相对黏度。

(1) 动力黏度 μ。

指液体在单位速度梯度 $\dfrac{du}{dy}$ 下流动时,液体液层间单位面积上的内摩擦力 τ,

$$\mu = \frac{\tau}{\dfrac{du}{dy}} \tag{2-4}$$

动力黏度的国际单位为 Pa·s(帕·秒)。

(2) 运动黏度 ν。

运动黏度 ν 指液体动力黏度 μ 与该液体密度 ρ 的比值,

$$\nu = \frac{\mu}{\rho} \tag{2-5}$$

运动黏度的国际单位为 m^2/s。

运动黏度没有实际的物理意义,但它是工程中经常用到的一个物理量。因为其单位中只有长度和时间的量纲,类似于运动学的量纲,所以称为运动黏度。

(3) 相对黏度。

动力黏度和运动黏度难以直接测量,因此在工程上常采用便于测量的相对黏度。相对黏度又称条件黏度,它是采用特定黏度计在规定条件下测量出来的黏度。由于测量条件的不同,各国所用的相对黏度也不相同,我国和欧洲一些国家采用恩氏黏度(°E),美国采用赛氏黏度(SSU),英国采用雷氏黏度(R)。

(4) 液体的黏压特性和粘温特性。

液体黏度随压力变化而变化的性质称为黏压特性。液体所受压力增大时,分子间的距离将减小,内聚力增大,黏度随之增大。对于一般液压系统,当压力低于 20MPa 时,压力对黏度的影响不大,通常可忽略不计。

液体黏度随温度变化而变化的性质称为黏温特性。液体黏度对温度变化极为敏感,温度升高,黏度显著下降,而液体的黏度变化又直接影响液压系统的工作性能,因此希望黏度随温度的变化越小越好。不同牌号液压油有不同的黏温特性,黏温特性较好的液压油,黏度随温度的变化较小。典型液压油黏度与温度的关系见图 2.1。

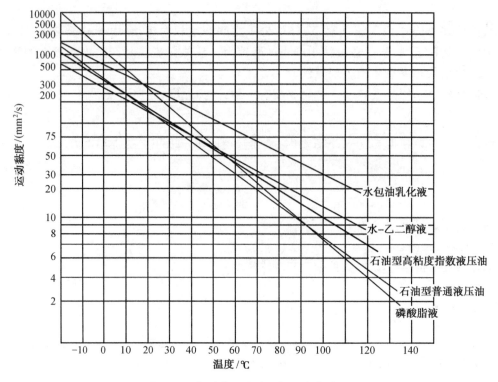

图 2.1 典型液压油黏度与温度的关系

4．其他性能

液压油还有其他一些性质,如稳定性(热稳定性、氧化稳定性、水解稳定性、剪切稳定性等)、抗泡沫性、抗乳化性、防锈性、润滑性等,它们是通过在精炼的矿物油中加入各种添加剂获得的。

二、液压油的分类

液压油的品种很多,主要有三大类型:石油型、乳化型和合成型。主要品种及其特性和用途见表 2.1。

表 2.1 液压油的主要品种及其特性和用途

类型	名称	LOS 代号	特性和用途
石油型	普通液压油	L-HL	精制矿物油加添加剂,可提高抗氧化和防锈性能,适用于室内一般设备的中低压系统
	抗磨液压油	L-HM	普通液压油加添加剂,可改善抗磨性能,适用于工程机械、车辆液压系统
	低温液压油	L-HV	抗磨液压油加添加剂,改善黏温特性,可用于环境温度在 −40℃～−20℃ 的高压系统
	高黏度指数液压油	L-HR	普通液压油加添加剂,改善黏温特性,VI 值达 175 以上,适用于对黏温特性有特殊要求的低温系统,如数控机床液压系统以及有青铜或银部件的液压系统

续表

类型	名称	LOS 代号	特性和用途
石油型	液压导轨油	L-HG	抗磨液压油加添加剂,改善黏-滑特性,适用于机床中液压和导轨润滑合用的系统
石油型	全损耗系统用油	L-HH	浅度精制矿物油,抗氧化、抗泡沫性能较差,主要用于机械润滑,可以作为液压代用油,一般用于要求不高的低压系统
石油型	汽轮机油	L-TSA	深度精制矿物油加添加剂,改善抗氧化、抗泡沫等性能,为汽轮机专用油,可以作为液压代用油,适用于一般的液压系统
乳化型	水包油乳化液	L-HFA	高水基液,特点是难燃、黏温特性好、有一定的防锈能力、润滑性能差、易泄露。适用于对抗燃有要求、油液用量大且泄露严重的系统
乳化型	油包水乳化液	L-HFB	既具有矿物型液压油的抗磨、防锈性能,又具有抗燃性,适用于有抗燃要求的中低压系统
合成型	水-乙二醇液	L-HFC	难燃、黏温特性和抗蚀性能好,能在 $-20℃\sim50℃$ 下使用,适用于有抗燃要求的中低压系统
合成型	磷酸酯液	L-HFDR	难燃、润滑、抗磨性能和抗氧化性能良好,能在 $-20℃\sim100℃$ 下使用,缺点是有毒,适用于有抗燃要求的高压精密液压系统

三、液压油的选用

首先选择油液品种。根据是否液压专用、工作压力及工作温度范围等因素选择油液品种。

其次选择油液黏度等级。因为黏度对液压系统工作的稳定性、可靠性、效率、温升以及磨损都有显著的影响。选择黏度时应注意液压系统在以下几方面的情况:

(1)工作压力较高的系统宜选用黏度较大的液压油,以减少泄漏。

(2)当液压系统的工作部件运动速度较高时,宜选用黏度较小的液压油,以减轻液流的摩擦损失。

(3)环境温度较高时宜选用黏度较大的液压油。

(4)液压系统中,不同液压泵对液压油有不同的要求。因此,应根据液压泵的类型及要求来选择液压油的黏度及牌号。各种液压泵适用的液压油黏度范围如表 2.2 所示。

表 2.2 各种液压泵适用的液压油黏度范围

液压泵的类型		油液的运动黏度 $v/(mm^2/s)(40℃)$		适用液压油品种及黏度等级
		液压系统温度 $5℃\sim40℃$	液压系统温度 $40℃\sim80℃$	
叶片泵	<7MPa	30~49	43~77	HM 油,32、46、48
叶片泵	>7MPa	54~70	65~95	HM 油,46、68、100
齿轮泵		30~70	110~154	HL 油(中、高压时用 HM 油),32、46、68、100、150
径向柱塞泵		30~50	110~200	HL 油(高压时用 HM 油),32、46、68、100、150
轴向柱塞泵		30~70	110~220	HL 油(高压时用 HM 油),32、46、68、100、150
螺杆泵		30~50	40~80	HL 油,32、46、68

四、液压油的污染与控制

液压油的污染是造成液压系统故障的重要原因,液压油中污染物的来源见表 2.3。

表 2.3 液压油中污染物的来源

外界侵入的污染物			工作过程中产生的污染物	
液压油运输过程中带来的污染物	液压元件组装时残留下来的污染物	从周围环境中混入的污染物	液压元件中相对运动件磨损时产生的污染物	液压油化学物理性质变化时产生的污染物

液压系统中的污染物主要有固体颗粒物、水、空气、化学物质、微生物等。为了描述液压油污染的程度,我国制订了国家标准 GB/T14039-93《液压系统工作介质固体颗粒污染等级代号》,它等效采用国际标准 ISO4406-1987,见表 2.4。

表 2.4 液压系统工作介质固体颗粒污染等级代号(GB/T14039-93)

等级代号	污染度(污染颗粒数/1mL 油液)	等级代号	污染度(污染颗粒数/1mL 油液)	等级代号	污染度(污染颗粒数/1mL 油液)
24	>80000~160000	15	>160~320	6	>0.32~0.64
23	>40000~80000	14	>80~160	5	>0.16~0.32
22	>20000~40000	13	>40~80	4	>0.08~0.16
21	>10000~20000	12	>20~40	3	>0.04~0.08
20	>5000~10000	11	>10~20	2	>0.02~0.04
19	>2500~5000	10	>5~10	1	>0.01~0.02
18	>1300~2500	9	>2.5~5	0	>0.005~0.01
17	>640~1300	8	>1.3~2.5	0.9	>0.0025~0.005
16	>320~640	7	>0.64~1.3		

固体颗粒污染等级代号由斜线隔开的两个标号组成;第一个标号表示 1mL 工作介质中大于 $5\mu m$ 的颗粒数;第二个标号表示 1mL 工作介质中大于 $15\mu m$ 的颗粒数。例如,污染等级代号 18/15 表示在 1mL 给定工作介质中大于 $5\mu m$ 的颗粒有 1300~2500 个,大于 $15\mu m$ 的颗粒有 160~320 个。

典型液压系统污染度等级见表 2.5。

表 2.5 典型液压系统污染度等级

GB/T14039 (ISO4406) 系统类型	12/9	13/10	14/11	15/12	16/13	17/14	18/15	19/16	20/17	21/18	22/19
污染极敏感的系统	☆	☆	☆	☆	☆						
伺服系统		☆	☆	☆	☆	☆					
高压系统			☆	☆	☆	☆	☆				

续表

GB/T14039 (ISO4406) 系统类型	12/9	13/10	14/11	15/12	16/13	17/14	18/15	19/16	20/17	21/18	22/19
中压系统					☆	☆	☆	☆	☆		
低压系统						☆	☆	☆	☆	☆	
低敏感系统							☆	☆	☆	☆	☆
数控机床液压系统		☆	☆	☆	☆	☆					
机床液压系统					☆	☆	☆		☆		
一般机器液压系统						☆	☆	☆		☆	
行走机械液压系统				☆	☆	☆		☆			
重型机械液压系统						☆	☆	☆	☆		
重型和行走设备液压系统							☆	☆	☆	☆	
冶金轧钢设备液压系统				☆	☆	☆		☆			

为控制液压油的污染，应采取如下相应措施：

（1）不用不洁油桶盛装液压油。液压油入库前后及加注前都应抽样检验。液压元件的包装等应符合有关标准的规定。

（2）液压元件加工后应去毛刺、清洗。液压系统安装前应先仔细清洗管道、油箱等，连成系统后还应用油冲洗。

（3）油箱气孔上应安装高效的空气滤清器，液压缸活塞杆端应设置高效的防尘圈。必须通过过滤装置对油箱注油。

（4）设计液压系统时，应高度重视滤油回路的设计，并按要求选择合适的滤油器。系统中的滤油器需定期检查和清洗。

（5）控制液压油的工作温度，定期检测、更换液压油。

第二节　流体力学基础知识

一、液体静压力及其特性

1. 静止液体

指内部各个质点之间没有相对运动而处于平衡状态的液体。

2. 作用在液体上的力

作用在液体上的力有质量力和表面力。

质量力作用于液体的所有质点上，并与受作用的液体质量成正比，如重力、惯性力等；表面力作用于液体的表面上，并与液体表面积成正比，表面力又可分解为垂直作用于液体表面的法向作用力和平行于液体表面的切向作用力。表面力可以是其他物体作用于液体上的力,也可以是液体内部一部分液体作用于另一部分液体上的力。对液体整体而言,前一种情况下的表面力是一个外力,如大气压力、外加力等;后一种情况下的表面力是一个内力。

3. 液体静压力

指液体处于静止状态时,液体单位面积上所承受的法向作用力。静压力又称为压力,它就是物理学中的压强。设液体在面积 A 上所受的法向作用力为 F_n,则液体的压力 p 为

$$p=\frac{F_n}{A} \tag{2-6}$$

在国际单位制中,压力的单位是 N/m^2(牛顿/米^2),称为帕斯卡,简称为帕(Pa)。由于此单位太小,在工程上使用很不方便,因此常采用它的倍数单位千帕(kPa)和兆帕(MPa)。

4. 液体静压力的特征

液体静压力有如下特征:

(1) 液体静压力沿着内法线方向作用于承压面上。

(2) 静止液体内任一点的压力在各个方向上都相等。

由上述特征可知,静止液体总是处于受压状态,并且其内部的任何质点都受平衡压力作用,否则就破坏了静止液体的条件。

5. 压力的表示方法

根据不同的度量基准,压力有两种表示方法:以绝对真空为基准进行度量的压力称为绝对压力;以大气压力为基准进行度量的压力称为相对压力。

绝对压力与相对压力的关系为

绝对压力＝大气压力＋相对压力

工程计算时,取一个标准大气压(atm)＝101325 Pa。

绝对压力是以绝对真空为基准度量得到的压力,所以均为正值。相对压力是以大气压力为基准度量得到的压力,其值可正可负。在大气压力以上的相对压力又称为表压力,液压传动中,如不特别指明,所称压力均指表压力。在大气压力以下的相对压力,即绝对压力低于大气压力的差值称为真空度,即

真空度＝大气压力－绝对压力

相对压力和真空度的关系见图 2.2。

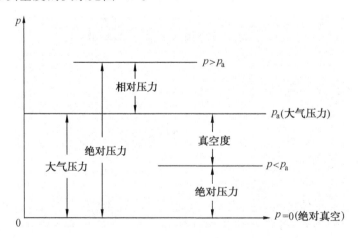

图 2.2 绝对压力、相对压力与真空度之间的相互关系

二、液体静力学

1. 静压力基本方程

如图 2.3 所示,容器内盛有液体,作用在液体表面上的压力为 p_0,现求液体内离液面深度 h 处的压力 p。可以假想从液面往下切取一个垂直小液柱作为研究对象,设液柱的底面积为 ΔA,高为 h,其体积为 $h\Delta A$,则液体所受重力 $G=\rho g h\Delta A$,并作用于液柱重心上。小液柱在所有外力和重力作用下处于平衡状态,于是在垂直方向上的力平衡方程式为

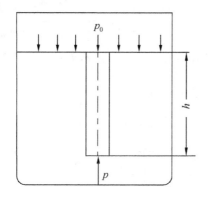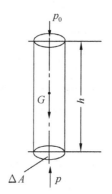

图 2.3 静止液体内压力分布规律

$$p\Delta A = p_0 \Delta A + \rho g h \Delta A \tag{2-7}$$

等式两边同除以 ΔA,则得

$$p = p_0 + \rho g h \tag{2-8}$$

上式称为静压力基本方程,它表示在重力作用下静止液体的压力分布规律。

静压力具有如下特征:

(1) 静止液体内任一点处的静压力由两部分组成:一部分是液面上的压力;另一部分是该点以上液体自重(质量力)所形成的压力。当液面上只受大气压力 p_a 作用时,则液体内任一点处的压力为

$$p = p_a + \rho g h \tag{2-9}$$

(2) 在同一容器同一液体中,静压力随液体深度 h 的增加而线性地增加。

(3) 在同一容器同一液体中,深度 h 相同的各点压力都相等。由压力相等的点组成的面称为等压面。在重力作用下静止液体中的等压面是一个水平面,显然与大气接触的自由表面也是等压面。

2. 静压传递原理

密封容器内的静止液体,当边界上压力 p_0 发生变化时,如增加 Δp,则根据静压力基本方程,容器内任意点的压力将增加同一数值 Δp,即密封容器内施加于静止液体任一点的压力将以等值传到液体内部各点处,这就是静压传递原理,亦称帕斯卡原理。

在液压传动系统中,通常外力产生的压力要比液体自重所产生的压力大得多。因此,可把式(2-8)中的 $\rho g h$ 项略去,而认为静止液体内部各点的压力都相等。

根据静压传递原理和静压力的特性,液压传动不仅可以进行力的传递,而且还能将力放大。图 2.4 中大液压缸的截面积为 A_1,小液压缸的截面积为 A_2,大活塞上的负载力为

G,小活塞上的推力为 F_2,则缸内压力分别为 $p_1=\dfrac{G}{A_1}$ 和 $p_2=\dfrac{F_2}{A_2}$,其中 $A_1=\dfrac{\pi}{4}D^2$,$A_2=\dfrac{\pi}{4}d^2$。

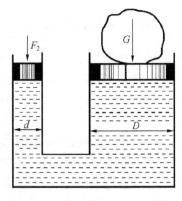

图 2.4　静压传递原理的应用

由于两缸充满液体且又互相连通,根据静压传递原理,则

$$p_1=p_2=p=\dfrac{G}{A_1}=\dfrac{F_2}{A_2} \qquad (2\text{-}10)$$

因此

$$F_2=\dfrac{A_2}{A_1}G \qquad (2\text{-}11)$$

式(2-11)表明,只要 $\dfrac{A_2}{A_1}$ 足够小,用很小的力 F_2 就可推动很大的负载 G。液压千斤顶和水压机就是根据此原理制成的。

如果大液压缸的活塞上没有负载,即 $G=0$,根据式(2-10),则 $p=\dfrac{G}{A_1}=0$,即当略去活塞重量和阻力时,无论怎样推动小液压缸的活塞也不能在液体中形成压力。这说明液压系统中的压力是由外界负载决定的。

3. 液体作用在固体壁面上的力

静止液体与固体壁面接触时,固体壁面上各点在某一方向上所受静压力的总和,便是液体在该方向上作用于固体壁面上的力。在液压传动计算中,质量力($\rho g h$)可以忽略,静压力处处相等,所以可认为作用于固体壁面上的压力是均匀分布的。

当固体壁面为一平面时,作用在该面上静压力的方向是相互平行的。故其作用方向与该平面垂直,作用力 F 等于液体压力 p 与该平面面积 A 的乘积,即

$$F=pA \qquad (2\text{-}12)$$

当固体壁面为一曲面时,作用在曲面上各点的静压力方向均垂直于曲面,所以各点静压力方向相互不平行。工程上通常只需要计算作用于曲面上的力在某一指定方向上的分力,静压力作用在曲面某一方向上的分力等于液体压力与曲面在该方向投影面积的乘积,即

$$F_x=pA_x \qquad (2\text{-}13)$$

$$F_y=pA_y \qquad (2\text{-}14)$$

求得 F_x 和 F_y 后,便可求得总的作用力 $F=\sqrt{F_x^2+F_y^2}$。

三、液体动力学

1. 基本概念

由于液体流动时具有黏性,因此在研究流动液体的力学性质时,必须考虑黏性的影响。为了简化研究、便于分析计算,开始分析时可先对液体及其流动作一些假设,然后再通过实验验证的办法,对理想结论加以修正,使其比较符合实际情况。

(1) 理想液体。

既无黏性又不可压缩的液体称为理想液体,既有黏性又可压缩的液体称为实际液体。很明显,理想液体没有黏性,在流动时不存在内摩擦力,没有摩擦损失。

(2) 稳定流动。

液体流动时,若液体中任一点处的压力、速度和密度都不随时间变化的流动称为稳定流动(亦称定常流动、恒定流动)。反之,只要压力、速度和密度中有一个随时间变化的流动,就称为非稳定流动(非定常流动、非恒定流动)。

(3) 通流截面。

液体流动时,垂直于液体流动方向的截面称为通流截面。

(4) 流量。

单位时间内流过通流截面的液体体积称为流量 q,即

$$q = \frac{V}{t} \tag{2-15}$$

流量的单位是 m^3/s(米³/秒)或 L/min(升/分)。

(5) 平均流速。

由于液体具有黏性,液体在管道内流动时,通流截面上各点的速度是不相等的。管道中心处流速最大,越接近管壁流速越小,管壁处的流速为零,见图 2.5。

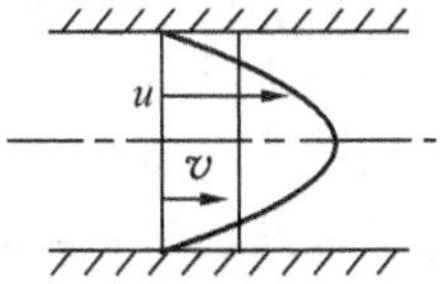

为方便起见,假想通流截面上各点的流速均匀分布,液体以此均布流速流过此断面的流量等于以实际流速流过该断面的流量。均布流速 v 称为通流截面上的平均流速。以后所指的流速除特别指出外均为平均流速。

平均流速 v 为流量 q 与通流截面面积 A 之比,即

$$v = \frac{q}{A} \tag{2-16}$$

图 2.5 平均流速

(6) 流态和雷诺数。

液体流动时的状态称为流态。流态分为两种:层流和紊流。可用图 2.6 所示的雷诺实验装置观察出两种流动状态的物理现象。

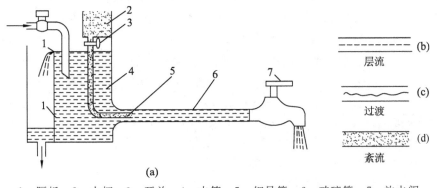

1—隔板 2—水杯 3—开关 4—水箱 5—细导管 6—玻璃管 7—放水阀

图 2.6 雷诺实验装置

实验时,进水管不断供水,使水箱 4 具有恒定而平稳的水位。水杯 2 内盛有红颜色水,将开关 3 打开后,红色水即经细导管 5 流入水平玻璃管 6 中。调节放水阀 7 的开口量,当玻璃管中流速较小时,红色水在管 6 中呈一条明显的直线,这条红线和清水不相混杂,如

图 2.6(b)所示,此时管中水流是分层的,液体质点间无宏观的互相掺混,这种有条不紊、层次分明的流动状态称为层流。当水流速度增大到一定值时,管内红色直线开始抖动而呈波纹状,如图 2.6(c)所示。当水流速度继续增高,红色水流便和清水完全混合,作无层次的流动,红线完全消失,如图 2.6(d)所示,表明管内液流完全紊乱,这时的流动状态称为紊流。如果将放水阀 7 逐渐关小,就会看到相反的过程。

实验证明,液体在管中的流动状态不仅与液体的平均流速 v 有关,还和水力直径 d_H、液体的运动黏度 ν 有关,并取决于 $\frac{vd_H}{\nu}$ 的大小,此比值称为雷诺数,以 Re 表示,它是一个无量纲的纯数,即

$$Re=\frac{vd_H}{\nu} \tag{2-17}$$

在管道形状相似的情况下,液流的雷诺数如相同,液体流动状态也相同。

流动液体由层流转变为紊流时的雷诺数和由紊流转变为层流时的雷诺数是不相同的,后者数值小,所以一般用后者作为判断液流状态的依据,称为临界雷诺数。当液流的实际雷诺数小于临界雷诺数时,液流为层流;反之,则为紊流。临界雷诺数一般由实验确定,对于光滑金属圆管,临界雷诺数约为 2320。即当 $Re<2320$ 时为层流;当 $Re>2320$ 时则为紊流。常见液流管道的临界雷诺数见表 2.6。

表 2.6 常见液流管道的临界雷诺数

通道形状	临界雷诺数	通道形状	临界雷诺数
光滑金属圆管	2320	有环槽的同心环状缝隙	700
橡胶软管	1600~2000	有环槽的偏心环状缝隙	400
光滑的同心环状缝隙	1100	圆柱形滑阀阀口	260
光滑的偏心环状缝隙	1000	锥阀阀口	20~100

雷诺数是液流的惯性力与黏性力之比的无量纲数。当雷诺数大时,说明惯性力起主导作用,黏性力的制约作用减弱,液流为紊流;当雷诺数小时,说明黏性力起主导作用,液体质点受黏性力制约,不能随意运动,其状态为层流。

水力直径为四倍的通流截面面积 A 与湿周 χ 的比值,以 d_H 表示,即

$$d_H=\frac{4A}{\chi} \tag{2-18}$$

式中,χ 为湿周,为通流截面上液体与管壁相接触的周长。

由上式计算可知,通流截面面积相等,但通流截面形状不同时,其水力直径是不同的。圆管的水力直径 d_H 就是圆管的几何直径 d。

水力直径 d_H 是一个反映通流截面上水力特性的综合参数。水力直径的大小对通流能力的影响很大。水力直径大,意味着液流和管壁的接触周长短,管壁对液流的阻力小,通流能力就大,且不易堵塞;反之,阻力大,通流能力小,容易堵塞。

2. 连续性方程

连续性方程是质量守恒定律在流体力学中的表达形式。如果液体在一不等断面的管道中做稳定流动,且不可压缩,如图 2.7 所示。若任取两个通流截面 1-1 和 2-2,它们的面

积分别为 A_1 和 A_2,其液体的平均流速和密度分别为 v_1、ρ_1 和 v_2、ρ_2。

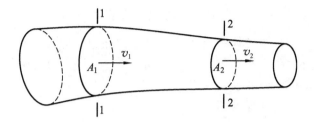

图 2.7 液流的连续性原理

根据质量守恒定律,在单位时间内,流过两个截面的液体质量相等,即
$$\rho_1 v_1 A_1 = \rho_2 v_2 A_2$$
当忽略液体可压缩性时,$\rho_1 = \rho_2 = \rho$,则得
$$v_1 A_1 = v_2 A_2 = 常量 \tag{2-19}$$

式(2-17)称为不可压缩液体做稳定流动时的连续性方程式。其物理意义是:在稳定流动的情况下,当不考虑液体可压缩性时,流过管道各个通流截面的流量相等(即流量是连续的),因而液体的平均流速与通流截面面积成反比。当流量一定时,管子细的地方流速大,管子粗的地方流速小;当通流截面面积一定时,流量越大流速也越大。

3. 伯努利方程

伯努利方程是能量守恒定律在流体力学中的表达形式。

(1) 理想液体的伯努列方程。

图 2.8 表示理想液体在管道内做稳定流动,管道各处的断面大小和高度都不相同,现任取一段从 1-1 截面流动到 2-2 截面的液流作为研究对象,设 1-1 截面和 2-2 截面的面积分别为 A_1、A_2,压力为 p_1、p_2,流速为 v_1、v_2,1-1 截面和 2-2 截面中心到基准面 $O-O$ 的高度分别为 h_1、h_2,则

$$p_1 + \rho g h_1 + \frac{\rho v_1^2}{2} = p_2 + \rho g h_2 + \frac{\rho v_2^2}{2} \tag{2-20}$$

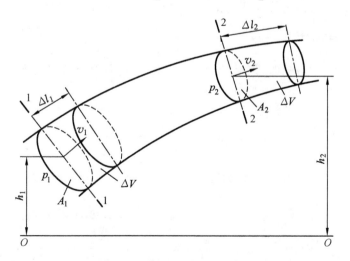

图 2.8 伯努利方程参数示意图

即

$$p + \rho g h + \frac{\rho v^2}{2} = 常数 \tag{2-21}$$

在上式中，各项分别是单位体积液体的压力能、位能和动能，三者通常又分别称为压力水头、位置水头和速度水头。理想液体伯努利方程的物理意义是：密封管道内做稳定流动的理想液体，在任意断面上都具有三种形式的能量，即压力能、位能和动能，它们之间可以相互转换，但三种能量的总和保持不变。

（2）实际液体的伯努利方程。

实际液体在管道内流动时，由于液体具有黏性，为克服内摩擦力将消耗部分能量；同时管道局部形状和尺寸的变化会使液流产生扰动，液体质点相互撞击和摩擦，也将消耗部分能量，产生能量损失。能量损失的表现是液体的压力不断降低，因为它将有效的压力能变为热能，所以称为压力损失，常用 Δp_w 表示。

另外，由于实际液体在管道通流截面上的流速分布是不均匀的，在用"平均流速"代替实际流速计算动能时，将会产生误差。为了修正这个误差，我们引入动能修正系数 α。因此实际液体的伯努利方程为

$$p_1 + \rho g h_1 + \frac{\alpha_1 \rho v_1^2}{2} = p_2 + \rho g h_2 + \frac{\alpha_2 \rho v_2^2}{2} + \Delta p_w \tag{2-22}$$

式中，α_1、α_2 为动能修正系数，当紊流时取 1，层流时取 2。

第三节　液体在管路内流动时的压力损失

实际液体具有黏性，在流动时就会产生阻力，为了克服阻力，流动液体就需要消耗一部分能量，引起能量损失，这种能量损失就是实际液体伯努利方程式中的 Δp_w 项。Δp_w 通常称为压力损失。

在液压系统中，压力损失使液体压力能转变为热能，会导致系统的温度升高，使泄漏增加，效率降低，系统性能下降，因此在设计使用液压系统时，要尽量减小压力损失。

液压系统中的压力损失分为两类：沿程压力损失和局部压力损失。

一、沿程压力损失

液体在等径直管中流动时，因黏性而产生的压力损失称为沿程压力损失。液体的流动状态不同，所产生的沿程压力损失也不同。

（1）层流时的沿程压力损失为

$$\Delta p_\lambda = \lambda \frac{l}{d} \cdot \frac{\rho v^2}{2} \tag{2-23}$$

式中，λ 为沿程阻力系数。层流时它的理论值为 $\lambda = \frac{64}{Re}$，但实际值要大一些，在金属管中流动时取 $\lambda = \frac{75}{Re}$；在橡胶软管中流动时取 $\lambda = \frac{80}{Re}$。l 为管道长度，d 为管道内径。

（2）紊流时的沿程压力损失。

紊流是一种很复杂的流动，迄今对它产生的能量损失或压力损失还只能依靠实验

求出。

紊流时沿程压力损失的计算公式与层流的形式完全相同,与层流不同的是 λ 不仅与 Re 有关,当 Re 较大时还与管壁的相对粗糙度 $\dfrac{\Delta}{d}$ 有关(Δ 为管壁的绝对粗糙度,d 为管道内径)。

在不同的雷诺数范围内,λ 的经验公式为

$\lambda = \dfrac{0.3164}{Re^{0.25}}$ 当 $Re < 22\left(\dfrac{d}{\Delta}\right)^{\frac{8}{7}}$ 且 $3000 < Re < 10^5$

$\lambda = \dfrac{0.308}{(0.842 - \lg Re)^2}$ 当 $Re < 22\left(\dfrac{d}{\Delta}\right)^{\frac{8}{7}}$ 且 $10^5 < Re < 10^8$

$\lambda = \left[1.14 - 2\lg\left(\dfrac{\Delta}{d} + \dfrac{21.25}{Re^{0.9}}\right)\right]^{-2}$ 当 $22\left(\dfrac{d}{\Delta}\right)^{\frac{8}{7}} < Re < 597\left(\dfrac{d}{\Delta}\right)^{\frac{9}{8}}$

$\lambda = 0.11\left(\dfrac{\Delta}{d}\right)^{0.25}$ 当 $Re > 597\left(\dfrac{d}{\Delta}\right)^{\frac{9}{8}}$

管壁的绝对粗糙度 Δ 和管道的材料有关,一般计算时可参考下列数值:钢管 0.004mm;铜管 0.0015～0.01mm;铅管 0.0015～0.06mm;橡胶软管 0.03mm;铸铁管 0.025mm。

二、局部压力损失

液体流经管道突变截面、弯头、接头以及阀口、滤网等局部装置时,液流速度大小或方向或二者均发生变化,局部液流形成旋涡,液体质点间相互撞击而消耗能量时所造成的压力损失,称为局部压力损失。

局部压力损失 Δp_ξ 可用下式计算:

$$\Delta p_\xi = \xi \dfrac{\rho v^2}{2} \tag{2-24}$$

式中,ξ 为局部阻力系数,由实验求得,具体数据可查阅液压传动设计手册。

液体流经各种阀类元件的局部压力损失亦服从式(2-22),但因阀内通道结构复杂,按此公式计算比较困难,故阀类元件的局部压力损失 Δp_v 在实际计算时可采用下式:

$$\Delta p_v = \Delta p_n \left(\dfrac{q_v}{q_n}\right)^2 \tag{2-25}$$

式中,q_v 为实际通过阀的流量,q_n 为阀的额定流量,Δp_n 为阀在额定流量下的压力损失。

三、管路系统总压力损失

液压系统的管路通常由若干段等径直管和管接头、控制阀等局部装置串联而成,因此管路系统的总压力损失等于所有直管中的沿程压力损失和所有局部压力损失之总和,即

$$\sum \Delta p = \sum \Delta p_\lambda + \sum \Delta p_\xi + \sum \Delta p_v \tag{2-26}$$

必须指出,上式仅在两相邻局部装置之间的距离 l 大于管道内径 d 的 10～20 倍时才是成立的,否则液流受前一个局部装置的干扰还没有稳定下来,就经历下一个局部装置,它所受的扰动将更为严重,因而会使按上式计算出的压力损失值比实际数值小得多。

为了提高管路系统的效率,减小压力损失,提高系统的工作性能,可采用减小流速,缩短管道长度,减小管道断面的突变,提高管道内壁表面的加工质量,使用适当黏度的液压油等措施。

第四节　影响液体流量的因素

一、孔口对流量的影响

液压系统中装有通流截面突然缩小的装置,称为节流装置(如节流阀)。节流装置利用节流孔控制液体的流量和压力,孔口的形式对流量会产生影响。

根据长径比(孔的通流长度 L 和孔径 d 的比值),孔口分为三种:当 $\frac{L}{d} \leqslant 0.5$ 时,称为薄壁小孔;当 $\frac{L}{d} > 4$ 时,称为细长孔;当 $0.5 < \frac{L}{d} \leqslant 4$ 时,称为短孔。

各种孔口的流量特性,可用孔口流量公式表示:

$$q = KA\Delta p^m \tag{2-27}$$

式中,K 称为孔口流量系数,由孔的形状、尺寸和液体性质决定;对于薄壁小孔和短孔 $K = C_d \sqrt{\frac{2}{\rho}}$;对于细长孔 $K = \frac{d^2}{32\mu l}$。A 为孔口通流截面的面积;Δp 为孔口两端的压力差;m 称为孔口流量指数,薄壁小孔 $m = 0.5$,短孔 $0.5 \leqslant m \leqslant 1$,细长孔 $m = 1$。

由孔口流量公式可知,流经薄壁小孔的流量与孔口前后压力差 Δp 的平方根和孔口面积 A 成正比,由于流程很短,流量与油液的黏度无关,受油温变化的影响较小,因而流量稳定,在液压系统中常采用薄壁小孔作为节流元件。但薄壁小孔加工困难,实际应用较多的是短孔。

液体流经细长孔时的流动状态一般为层流,从孔口流量公式可知,液体流经细长孔的流量与油液的黏度成反比,因此受油温变化的影响较大。在液压传动中,细长孔常做为阻尼孔用。

二、间隙对流量的影响

1. 间隙

液压元件各零件间如有相对运动,就必须有一定的配合间隙。通过间隙液压油会从压力较高处流向压力较低处,这种流动称为泄漏。泄漏分内泄漏和外泄漏,液压油自高压腔通过间隙流入低压腔,称为内泄漏;液压油由间隙流入大气中,称为外泄漏。

泄漏主要由压力差与间隙造成。泄漏量与压差的乘积便是功率损失,泄漏的存在将使系统效率降低。同时功率损失也将转化为热量,使系统油温升高,进而影响液压系统性能。

由于相对运动零件之间的间隙很小,一般在几微米到几十微米之间,水力直径很小,液压油又具有一定黏度,因此油液在间隙中的流动状态通常为层流。

2. 液体流经间隙的流量

(1) 液体流经同心环形间隙的流量。

液压元件各相对运动零件之间的间隙大多数为圆柱环形间隙,如活塞与缸体的配合、换向阀中阀芯与阀体的配合等。

如图 2.9 所示,阀芯中心线与阀孔中心线重合,形成同心环形间隙,其间隙量为 δ,圆柱

体直径为 d，沿液流方向间隙长度为 l，两端压力差 $\Delta p = p_1 - p_2$，液压油的动力黏度为 μ，v_0 为阀芯相对于阀孔的运动速度。此时流经同心环形间隙的流量为

$$q = \frac{\pi d \delta^3}{12\mu l}\Delta p \pm \frac{\pi d \delta}{2}v_0 \tag{2-28}$$

式中"±"号的确定方法如下：压力差 $\Delta p = p_1 - p_2$ 方向与阀芯相对于阀孔运动速度 v_0 的方向一致时取"+"号，方向相反时取"-"号。

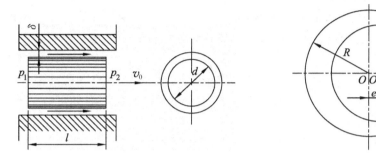

图 2.9　同心环形间隙　　　　　图 2.10　偏心环形间隙

（2）液体流经偏心环形间隙的流量。

在实际液压元件中，圆柱体与孔的配合很难保持同心，往往带有一定的偏心 e，如图 2.10 所示。通过偏心环形间隙的泄漏量可按下式计算：

$$q = \frac{\pi d \delta^3}{12\mu l}\Delta p (1 + 1.5\varepsilon^2) \pm \frac{\pi d \delta}{2}v_0 \tag{2-29}$$

式中，ε 为偏心率，$\varepsilon = \dfrac{e}{\delta}$；$\delta$ 为同心时的间隙量。

从上式可知，通过同心环形间隙的流量公式是偏心环形间隙流量公式在 $e=0$ 时的特例。当完全偏心时，$\varepsilon = 1$，此时 $q = \dfrac{\pi d \delta^3}{12\mu l}\Delta p \times 2.5 \pm \dfrac{\pi d \delta}{2}v_0$。完全偏心时的泄漏量约为同心时泄漏量的 2.5 倍。可见在液压元件中，为了减少环形间隙的泄漏，应使相互配合的零件尽量处于同心状态。

第五节　液压冲击和空穴现象

一、液压冲击

1. 液压冲击

在液压系统中，由于某种原因引起液体压力在某一瞬间急剧升高，产生很高压力峰值的现象称为液压冲击。在阀门突然关闭或液压缸快速制动等情况下，液体在系统中的流动会受到阻碍，这时由于液流或液压缸的惯性作用，液体从受阻端开始，迅速将动能逐层转换为压力能，因而产生压力冲击波；此后，又从另一端开始，将压力能逐层转换为动能，液体又反向流动；然后又再次将动能转换为压力能，如此反复地进行能量转换，从而引起液体压力急剧增加，形成压力峰值产生液压冲击。由于压力冲击波的迅速反复传播，便在系统内形成压力振荡。随着时间的推移，由于液体受到摩擦力以及液体和管壁的弹性作用，不断消

耗能量，才使压力振荡过程逐渐衰减而趋向稳定。

2. 液压冲击的危害

系统中出现液压冲击时，液体瞬时峰值压力可能比正常工作压力大好几倍，将会引起设备振动，产生噪声，损坏密封装置、管道或液压元件。有时，液压冲击还会使某些液压元件，如压力继电器、顺序阀等产生误动作，影响系统正常工作。

3. 减小液压冲击危害的措施

(1) 限制液流速度和运动部件速度，从而减小转换成压力能的动能。在机床液压系统中，通常将管道内的液流速度限制在 4.5m/s 以下，液压缸所驱动的运动部件速度一般不宜超过 10m/min 等。

(2) 延缓或延长阀门关闭和运动部件制动换向的时间。实践证明，运动部件制动换向时间若能大于 0.2s，冲击就会大大减轻。可在液压系统中采用换向时间可调的换向阀、采用具有缓冲措施的液压缸结构等来实现。

(3) 适当加大管道直径，尽量缩短管道长度，可以降低液流速度，减小压力冲击波的速度和传播时间。

(4) 选择动作灵敏、响应较快的液压元件；采用软管，增加系统的弹性；在压力冲击区附近设置蓄能器，吸收液压冲击的能量。

二、空穴现象

1. 空穴现象

通常液压油中都溶解有一定的空气，常温时在大气压力作用下，溶解量约占液体体积的 6%～12%。在流动的液体中，如果某点处的压力低于当时温度下油液的空气分离压，溶解在油液中的空气将迅速分离出来而产生大量气泡，使液体成为不连续状态，这种情况称为空穴现象。如果油液中的压力进一步降低到饱和蒸汽压时，油液将迅速气化，产生大量蒸汽泡，这时的空穴现象将会更加严重。

空穴现象多发生在阀口和液压泵的吸油腔处。由于阀口处的通道狭窄，液流的速度急剧增高，使压力能转换为动能，液体压力大幅度下降，必将导致空穴现象的发生。当泵的安装高度过高，吸油管直径过小，吸油管阻力过大，滤网堵塞或泵的转速过高，都会引起泵吸油腔处的真空度过大，导致液压泵吸油腔处产生空穴现象。

2. 空穴现象的危害

当液压系统中出现空穴现象时，大量的气泡破坏了液流的连续性，引起流量和压力脉动，气泡随液流流到高压区时，因承受不住高压而破灭，又凝结成液体，在液体中形成局部真空，于是产生局部液压冲击，其压力和温度急剧升高，引起强烈的振动和噪声。液压系统中某些零件表面，因长期承受液压冲击和高温作用，以及由于从油液中分离出来的气体所含氧气的酸化作用，致使零件表面受到腐蚀，降低元件的工作寿命，这种由空穴现象而产生的腐蚀，称为气蚀。

3. 减小空穴现象危害的措施

为了减小空穴现象的危害，可采取下列措施：

(1) 在管路中应尽量避免狭窄缝隙和急剧转弯，减小小孔或缝隙前后的压力差，一般希望小孔或缝隙前后的压力比值小于 3.5。

（2）限制泵的吸油高度，适当加大吸油管内径，降低吸油管的流速，尽量减小吸油管路中的压力损失。

（3）管路密封要好，配置尽量合理，采用抗腐蚀性能好的材料制造液压元件，提高零件的表面加工质量等。

（4）滤油器应及时清洗或更换滤芯等，必要时可采用低压辅助泵向泵的吸油口供油。

复习与思考

1. 液压油的主要性质是什么？黏性的物理意义是什么？
2. 液压系统的压力是如何形成的？常用的压力单位是什么？
3. 连续性方程的物理意义是什么？
4. 伯努利方程的物理意义是什么？
5. 液体流动中为什么会有压力损失？压力损失有几种？其值与哪些因素有关？
6. 什么叫液压冲击？什么叫空穴现象？

第三章 液压泵与液压马达

第一节 概 述

一、作用与分类

液压泵是一种能量转换装置,它把驱动它的原动机(一般为电动机)的机械能转换成油液的压力能。

图 3.1 所示为容积式泵的工作原理。凸轮 1 旋转时,柱塞 2 在凸轮 1 和弹簧 3 的作用下在缸体 4 中左右移动。柱塞右移时,缸体中密封工作腔容积变大,产生真空,油液通过吸油阀 5 吸入工作腔;柱塞左移时,缸体中的工作腔容积变小,工作腔中的油液便通过压油阀 6 输出到系统中去。由此可见,泵是靠密封工作腔的容积变化来进行工作的,而输出油量的大小是由密封工作腔的容积变化大小来决定的。

液压马达是一种执行元件,也是一种能量

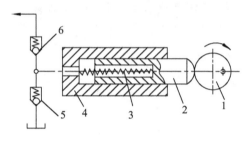

1—凸轮 2—柱塞 3—弹簧
4—缸体 5—吸油阀 6—压油阀

图 3.1 容积式泵的工作原理

转换装置,它用于将输入的油液压力能转换成机械能,驱动工作部件做旋转运动。理论上,向容积式泵中输入压力油,就可使轴转动,成为液压马达,但因二者的作用不同,在结构细节上存在差异。

液压泵按结构形式可以分为齿轮式、叶片式和柱塞式三大类;按其每转一转所能输出(所需输入)油液体积可否调节而分成定量泵(定量马达)和变量泵(变量马达)两类。

二、主要性能参数

1. 工作压力(p)

液压泵的工作压力是指实际工作时的输出压力,也就是油液为了克服阻力所必须产生的压力,其大小取决于负载;而液压马达的工作压力则是指它的输入压力。

2. 额定压力(p_N)

液压泵(液压马达)的额定压力是指泵(马达)在使用中按标准条件连续运转所允许达到的最大工作压力,超过此值就是过载。

3. 最高允许压力(p_{max})

它是指泵短时间内所允许超载使用的极限压力。

由于液压传动的用途不同,液压系统所需的压力也不同,为了便于液压元件的设计、生产和使用,将压力分为几个等级,见表3.1。

表 3.1 压力分级

压力分级	低压	中压	中高压	高压	超高压
压力/MPa	≤2.5	>2.5～8	>8～16	>16～32	>32

4. 排量(V)

液压泵(液压马达)的排量 V 是指在不考虑泄漏的情况下,轴旋转一周时所能排出(或所需输入)的油液体积。

5. 理论流量(q_t)

液压泵(液压马达)的理论流量 q_t 是指在不考虑泄漏的情况下,单位时间内所能输出(或所需输入)的油液体积。如泵轴的每分钟转速为 n,则泵的每分钟理论流量为 $q_t = Vn$。

6. 实际流量(q)

在考虑泄漏的情况下,单位时间内液压泵所能输出的油液体积。因为泄漏的原因,液压泵的实际流量 q 小于理论流量 q_t。

泄漏影响液压马达的输出转速,使马达的实际转速 n 小于理论转速 n_t。液压马达的实际输入流量 q 等于其理论输入流量 q_t。

7. 额定流量(q_n)

在额定转速和额定压力下液压泵输出(或输入液压马达)的流量。

三、功率和效率

液压泵由电动机驱动,输入量是转矩和转速(角速度),输出量是液体的压力和流量;液压马达则刚好相反,输入量是液体的压力和流量,输出量是转矩和转速(角速度)。

1. 液压泵的功率和效率

如果不考虑液压泵在能量转换过程中的损失,则理论输出功率 pq_t 等于理论输入功率 $T_t \omega = 2\pi n T_t$,即

$$pq_t = 2\pi n T_t \tag{3-1}$$

式中,T_t 为液压泵的理论输入转矩;ω 为液压泵的角速度;n 为液压泵的转速。

实际上,液压泵在能量转换过程中是有损失的,因此实际输出功率 pq 小于实际输入功率 $2\pi nT$,两者之间的差值即为功率损失。功率损失分为容积损失和机械损失两部分。

容积损失是因内泄漏造成的流量损失,可以用容积效率 η_V 表示。由于泄漏的原因,液压泵的实际输出流量 q 小于理论输出流量 q_t。

$$\eta_V = \frac{q}{q_t} \tag{3-2}$$

机械损失是因摩擦阻力造成的转矩损失,可以用机械效率 η_m 表示。为了克服液压泵的摩擦阻力,驱动泵的实际输入转矩 T 总是大于其理论上需要的转矩 T_t。

$$\eta_m = \frac{T_t}{T} \tag{3-3}$$

液压泵的总效率 η 是其实际输出功率 pq 与实际输入功率 $2\pi nT$ 之比,由式(3-1)、式(3-2)、式(3-3)可得

$$\eta = \frac{pq}{2\pi nT} = \frac{pq_t \eta_V}{2\pi n \dfrac{T_t}{\eta_m}} = \eta_V \eta_m \tag{3-4}$$

2. 液压马达的功率和效率

同样，如果不考虑液压马达在能量转换过程中的损失，则理论输出功率 $T_t \omega_t = 2\pi n_t T_t$ 等于理论输入功率 pq_t，即

$$2\pi n_t T_t = pq_t \tag{3-5}$$

式中，T_t 为液压马达的理论输出转矩；n_t 为液压马达的理论输出转速；q_t 为液压马达的理论输入流量。

液压马达在能量转换过程中也是有损失的，因此实际输出功率 $2\pi nT$ 小于实际输入功率 pq，两者之间的差值即为功率损失。功率损失也分为容积损失和机械损失两部分。

容积损失是因内泄漏造成的转速损失，用容积效率 η_V 表示。对液压马达来说，内泄漏影响液压马达的输出转速而非输入流量，因此液压马达的实际输入流量 q 与理论输入流量 q_t 相等，而实际输出转速 n 小于它的理论输出转速 n_t，它的容积效率 η_V 为

$$\eta_V = \frac{n}{n_t} \tag{3-6}$$

对于液压马达来说，由于摩擦阻力使其实际输出转矩 T 小于理论输出转矩 T_t，可以用机械效率 η_m 表示，即

$$\eta_m = \frac{T}{T_t} \tag{3-7}$$

液压马达的总效率同样也是实际输出功率与实际输入功率之比，由式(3-5)、式(3-6)、式(3-7)可得

$$\eta = \frac{2\pi nT}{pq} = \frac{2\pi n_t \eta_V T_t \eta_m}{pq_t} = \eta_V \eta_m \tag{3-8}$$

第二节　齿轮泵与齿轮液压马达

齿轮泵是液压系统中常用的液压泵，在结构上可分为外啮合式和内啮合式两类。

一、外啮合齿轮泵的工作原理

图 3.2 所示为外啮合齿轮泵的工作原理图。在泵的壳体内有一对外啮合齿轮，齿轮两侧有端盖罩住（图中未示出）。壳体、端盖和齿轮的各个齿槽组成了许多密封工作腔。当齿轮按图中所示方向旋转时，右侧吸油腔由于相互啮合的轮齿逐渐脱开，密封工作腔容积逐渐增大，形成部分真空，油箱中的油液被吸进来，将齿槽充满，并随着齿轮旋转，把油液带到左侧压油腔去。在压油区一侧，由于轮齿在这里逐渐

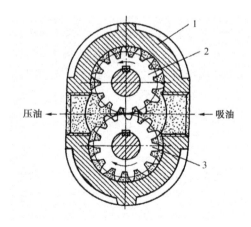

1—壳体　2—主动齿轮　3—从动齿轮
图 3.2　外啮合齿轮泵工作原理图

进入啮合,密封工作腔容积不断减小,油液便被挤出去。吸油区和压油区是由相互啮合的轮齿以及泵体分隔开的。

二、排量、流量的计算和流量脉动

外啮合齿轮泵的排量的精确计算应依据啮合原理来进行,近似计算时可认为排量等于它的两个齿轮的齿间槽容积之和。

设齿间槽的容积等于轮齿的体积,则当齿轮齿数为 z、节圆直径为 D、齿高为 h(应为扣除顶隙部分后的有效齿高)、模数为 m、齿宽为 b 时,泵的排量为

$$V = \pi Dhb = 2\pi zm^2 b = 6.28 zm^2 b \tag{3-9}$$

考虑到齿间槽容积比轮齿的体积稍大些,所以通常取

$$V = 6.66 zm^2 b \tag{3-10}$$

齿轮泵的实际输出流量为

$$q = 6.66 zm^2 bn\eta_V \tag{3-11}$$

式(3-11)所表示的 q 是齿轮泵的平均流量。

实际上,由于齿轮啮合过程中,压油腔的容积变化率是不均匀的,因此齿轮泵瞬时流量是脉动的。

设 q_{max}、q_{min} 表示最大、最小瞬时流量,流量脉动率 σ 可用下式表示:

$$\sigma = \frac{q_{max} - q_{min}}{q} \tag{3-12}$$

图 3.3 所示为齿轮泵流量脉动率,图中 i 为主动齿轮和被动齿轮的齿数比。

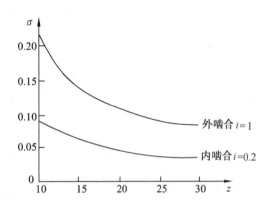

图 3.3　齿轮泵流量脉冲率

由图 3.3 可见,外啮合齿轮泵齿数越少,脉动率 σ 就越大,其值最高可达 0.20 以上,内啮合齿轮泵的流量脉动率就小得多。

三、外啮合齿轮泵结构特点和优缺点

1. 困油现象

齿轮泵要平稳工作,齿轮啮合的重叠系数必须大于 1,于是有时会出现两对轮齿同时啮合,并有一部分油液被围困在两对轮齿所形成的封闭空腔之间的现象,如图 3.4 所示。

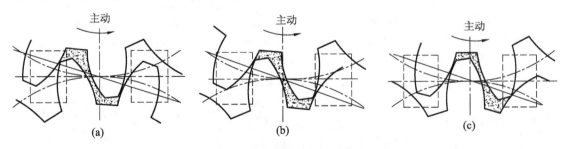

图 3.4　齿轮泵的困油现象

这个封闭腔的容积，开始时随着齿轮的转动逐渐减小[图 3.4(a)到图 3.4(b)的过程中]，以后又逐渐加大[图 3.4(b)到图 3.4(c)的过程中]。封闭腔容积的减小会使被困油液受挤压而产生很高的压力，从缝隙中挤出，油液发热，并使机件(如轴承等)受到额外的负载；而封闭腔容积的增大又会造成局部真空，使油液中溶解的气体分离，产生空穴现象。这些都将使泵产生强烈的噪声，这就是齿轮泵的困油现象。

消除困油的方法，通常是在两侧盖板上开卸荷槽(见图 3.4 中的虚线所示)，使封闭腔容积减小时通过左边的卸荷槽与压油腔相通[图 3.4(a)]，容积增大时通过右边的卸荷槽与吸油腔相通[图 3.4(c)]。

2. 泄漏

外啮合齿轮泵高压腔的压力油，可通过三条途径泄漏到低压腔中去：一是通过齿轮啮合线处的间隙；二是通过泵体内孔和齿顶圆间的径向间隙；三是通过齿轮两侧面和侧盖板间的端面间隙。

通过端面间隙的泄漏量，最大可占总泄漏量的 70%～80%。因此，普通齿轮泵的容积效率较低，输出压力也不容易提高。要提高齿轮泵的压力，首要问题是要减小端面泄漏。

3. 径向不平衡力

在齿轮泵中，作用在齿轮外圆上的压力是不相等的，在压油腔和吸油腔处齿轮外圆和齿廓表面承受着工作压力和吸油腔压力，在齿轮和壳体内孔的径向间隙中，可以认为压力由压油腔压力逐渐分级下降到吸油腔压力。这些液体压力综合作用的结果，相当于给齿轮一个径向的作用力(即不平衡力)，使齿轮和轴承受载。工作压力越大，径向不平衡力也越大。径向不平衡力很大时能使轴弯曲，齿顶与壳体产生接触，同时加速轴承的磨损，降低轴承的寿命。为了减小径向不平衡力的影响，有的泵上采取了缩小压油口的办法，使压力油仅作用在一个齿到两个齿的范围内，同时适当增大径向间隙，使齿轮在压力作用下，齿顶不能与壳体相接触。对高压齿轮泵，减小径向不平衡力应开压力平衡槽。

4. 优缺点

外啮合齿轮泵的优点是结构简单，尺寸小，重量轻，制造方便，价格低廉，工作可靠，自吸能力强(容许的吸油真空度大)，对油液污染不敏感，维护容易。它的缺点是一些机件承受不平衡径向力，磨损严重，泄漏大，工作压力的提高受到限制。此外，它的流量脉动大，因而压力脉动和噪声都较大。

四、提高外啮合齿轮泵压力的措施

要提高齿轮泵的压力，必须要减小端面的泄漏，一般采用齿轮端面间隙自动补偿的方法。图 3.5 所示为端面间隙的补偿原理。利用特制的通道把泵内压油腔的压力油引到浮动轴套外侧，产生液压作用力，使轴套压向齿轮端面。这个力必须大于齿轮端面作用在浮动轴套内侧的作用力，才能保证在各种压力下，轴套始终自动贴紧齿轮端面，减小泵内通过端面的泄漏，达到提高压力的目的。

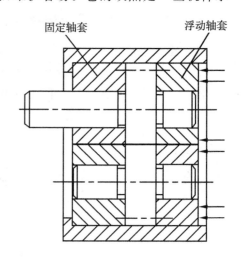

图 3.5 齿轮泵端面间隙自动补偿原理图

五、内啮合齿轮泵

内啮合齿轮泵有渐开线齿形和摆线齿形(又名转子泵)两种类型,它们的工作原理和主要特点与外啮合齿轮泵完全相同。图 3.6 所示为内啮合渐开线齿轮泵工作原理图。

相互啮合的小齿轮 1 和内齿轮 3 与侧板围成的密封容积,被月牙板 2 和齿轮的啮合线分隔成两部分,即形成吸油腔和压油腔。当传动轴带动小齿轮按图 3.6 所示方向旋转时,内齿轮同向旋转,图中上半部轮齿脱开啮合,密封容积逐渐增大,形成吸油腔;下半部轮齿进入啮合,使其密封容积逐渐减小,形成压油腔。内啮合渐开线齿轮泵与外啮合齿轮泵相比其流量脉动小,仅是外啮合齿轮泵流量脉动率的 1/10~1/20。此外,其结构紧凑,重量轻,噪声小,效率高,而且无困油现象。它的不足之处是齿形复杂,需专门的高精度加工设备,但随着科技水平的发展,内啮合齿轮泵将会有更广阔的应用前景。

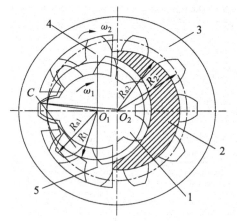

1—小齿轮(主动齿轮) 2—月牙板 3—内齿轮(从动齿轮) 4—吸油腔 5—压油腔

图 3.6 内啮合渐开线齿轮泵工作原理图

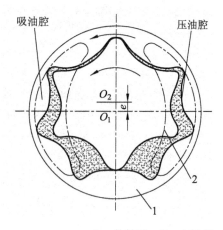

1—外转子 2—内转子

图 3.7 内啮合摆线齿轮泵工作原理图

图 3.7 所示为内啮合摆线齿轮泵工作原理图。在内啮合摆线齿轮泵中,外转子 1 和内转子 2 只差一个齿,没有中间月牙板,内、外转子的轴心线有一个偏心 e,内转子为主动轮,内、外转子与两侧配流板间形成密封容积,内、外转子的啮合线又将密封容积分为吸油腔和压油腔。当内转子按图示方向转动时,左侧密封容积逐渐变大构成吸油腔;右侧密封容积逐渐变小构成压油腔。

内啮合摆线齿轮泵的优点是结构紧凑,零件少,工作容积大,转速高,运动平稳,噪声低。由于齿数较少(一般为 4~7 个),其流量脉动较大,啮合处间隙泄漏较大,所以此泵工作压力一般为 2.5~7 MPa。通常将它作为润滑、补油等辅助泵来使用。

六、螺杆泵

螺杆泵实质上是一种外啮合摆线齿轮泵,按其螺杆根数有单螺杆泵、双螺杆泵、三螺杆泵、四螺杆泵和五螺杆泵等;按螺杆的横截面分有摆线齿形、摆线—渐开线齿形和圆弧齿形三种不同形式的螺杆泵。

图 3.8 为三螺杆泵的结构简图。在三螺杆泵壳体 2 内平行地安装着三根互为啮合的双头螺杆,主动螺杆为中间凸螺杆 3,上、下两根凹螺杆 4 和 5 为从动螺杆。

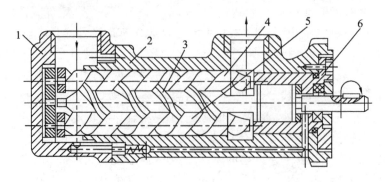

1—后盖　2—壳体　3—主动螺杆　4、5—从动螺杆　6—前盖
图 3.8　三螺杆泵结构简图

三根螺杆的外圆与壳体对应弧面保持着良好的配合,螺杆的啮合线将主动螺杆和从动螺杆的螺旋槽分割成多个相互隔离的、互不相通的密封工作腔。当传动轴(与凸螺杆为一整体)以如图 3.8 所示方向转动时,这些密封工作腔随着螺杆的转动一个接一个地在左端形成;并不断地从左向右移动,在右端消失。主动螺杆每转一周,每个密封工作腔便移动一个导程。密封工作腔在左端形成时逐渐增大将油液吸入来完成吸油工作,最右面的工作腔逐渐减小直至消失,因而将油液压出完成压油工作。螺杆直径越大,螺旋槽越深,螺杆泵的排量越大;螺杆越长,吸、压油口之间的密封层次越多,密封就越好,螺杆泵的额定压力就越高。

螺杆泵与其他容积式液压泵相比,具有结构紧凑、体积小、重量轻、自吸能力强、运转平稳、流量无脉动、噪声小、对油液污染不敏感、工作寿命长等优点。目前常用在精密机床上和用来输送黏度大或含有颗粒物质的液体。螺杆泵的缺点是其加工工艺复杂,加工精度高,所以应用受到限制。

七、齿轮液压马达

齿轮液压马达的工作原理如图 3.9 所示。图中 P 点为两齿轮的啮合点。设齿轮的齿高为 h,啮合点 P 到两齿根的距离分别为 a 和 b。由于 a 和 b 都小于 h,所以当压力油作用到齿面上时(如图中箭头所示,凡齿面上两边受力平衡的部分都未用箭头表示),在两个齿轮上就各有一个使它们产生转矩的作用力:作用于下齿轮的力 $pB(h-a)$ 和作用于上齿轮的力 $pB(h-b)$,其中 p 为输入油液压力,B 为齿宽。在上述力的作用下,两齿轮按图示方向回转,并把油液带到低压腔随着轮齿的啮合而排出。同时在液压马达的输出轴上输出一定的转矩和转速。

和一般齿轮泵一样,齿轮液压马达由于密封性差,容积效率较低,所以输入的油压不能过高,因而不能产生较大的转矩。由于啮合点的变化,它的转速和转矩会产生脉动。所以齿轮液压马达往往只用于一些传动精度要求不高的轻载场合,多用于高转速低转矩的液压系统中。

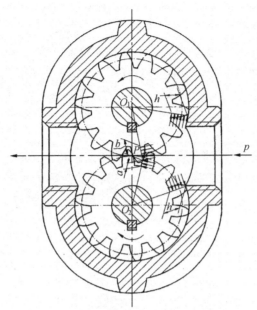

图 3.9 齿轮液压马达的工作原理图

第三节 叶片泵与叶片式液压马达

叶片泵有单作用式和双作用式两大类,在液压系统中得到了广泛的应用。叶片泵输出流量均匀,脉动小,噪声小,但结构较复杂,吸油特性不太好,对油液中的污染也比较敏感。

一、单作用叶片泵

1. 工作原理

图 3.10 所示为单作用叶片泵的工作原理图。泵由转子 1、定子 2、叶片 3、配流盘和端盖(图 3.10 中未示出)等部件所组成。定子的内表面是圆柱形孔。转子和定子之间存在偏心距 e。叶片在转子的槽内可灵活滑动,在离心力以及通入叶片根部压力油的作用下,叶片顶部紧贴在定子内表面上,于是两相邻叶片、配流盘、定子内表面和转子外表面间便形成了一个个密封的工作腔。当转子按图 3.10 所示方向旋转时,图中右侧的叶片向外伸出,密封工作腔的容积逐渐增大,产生真空,于是通过吸油口和配流盘上窗口将油吸入。而在图中左侧,叶片往里缩进,密封腔的容积逐渐变小,腔中油液通过配流盘的另一窗口和压油口被压出而输入

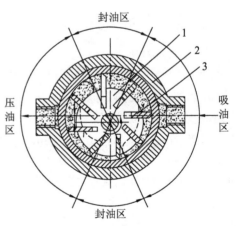

1—转子 2—定子 3—叶片

图 3.10 单作用叶片泵工作原理图

到系统中去。这种泵的转子每转一周,每个密封工作腔完成吸油和压油动作各一次,所以称为单作用叶片泵。转子上因受有单方向的液压不平衡作用力,所以又称非平衡泵。改变定子和

转子间偏心距 e 的大小,便可改变泵的排量,因此单作用叶片泵可以制成变量泵。

2. 排量与流量的计算

图 3.11 所示可用来分析、说明单作用叶片泵的排量计算问题。转子在转一整转过程中,每个密封腔的容积变化为 $\Delta V=V_1-V_2$,于是叶片泵每转输出的体积,即排量为 $V=Z\Delta V$(Z 为叶片数)。设定子内径为 D,宽度为 b,叶片厚度为 s,定子和转子间的偏心距为 e,则单作用叶片泵的排量为

$$V=2be(\pi D-Zs) \tag{3-13}$$

一般在单作用叶片泵中,压油区和吸油区的叶片底部的通油槽是分别和压油腔及吸油腔相通的。因而叶片在转子槽中伸出和缩进时,叶片槽底部也存在吸油和压油过程。因此叶片槽部的吸油和压油补偿了式(3-13)中由于叶片厚度而引起的排量减小 Zs,所以泵的实际输出流量为

$$q=Vn\eta_V=2be\pi Dn\eta_V \tag{3-14}$$

单作用叶片泵的流量也有脉动,对图 3.10 所示的单作用叶片泵而言,泵内叶片数越多,流量脉动率越小。此外,奇数叶片泵的脉动率比偶数叶片泵的脉动率小,所以单作用叶片泵的叶数总取奇数,一般为 13 或 15 片。

3. 特点

(1) 改变定子和转子之间的偏心,便可改变流量。

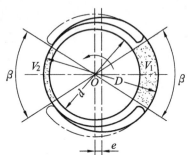

图 3.11 单作用叶片泵排量计算

(2) 处在压油腔的叶片顶部受压力油的作用,压力油要把叶片推入转子槽内。为了使叶片顶部可靠地与定子内表面相接触,压油腔一侧的叶片底部要通过特殊的沟槽和压油腔相通,而吸油腔一侧的叶片底部要和吸油腔相通,这样叶片仅靠离心力的作用即可顶在定子的内表面上。

(3) 由于转子受有径向不平衡力的作用,所以这种泵一般不宜用于高压场合。

二、双作用叶片泵

1. 工作原理

图 3.12 所示为双作用叶片泵的工作原理图。它与单作用叶片泵的不同之处在于定子内表面是由两段长半径圆弧、两段短半径圆弧和四段过渡曲线组成,且定子 2 和转子 3 是同心的。在图 3.12 所示转子逆时针方向旋转的情况下,密封工作腔的容积在左下角和右上角处逐渐增大,为吸油区,在左上角和右下角处逐渐减小,为压油区;吸油区和压油区之间有一段封油区把它们隔开。这种泵的转子每转一周,每个密封工作腔完成吸油和压油动作各两次,所以称为双作用叶片泵。泵的两

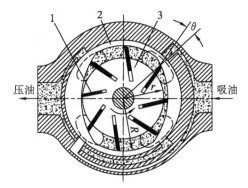

1—叶片 2—定子 3—转子

图 3.12 双作用叶片泵工作原理图

个吸油区和两个压油区是径向对置的,作用在转子上的液压力径向平衡,所以又被称为平衡式叶片泵。

2. 排量的计算

图 3.13 所示可用来分析、说明双作用叶片泵的排量计算问题。转子在转一整转过程中，由于吸、压油各两次，则泵的排量为 $V=2Z(V_1-V_2)$，泵的实际输出流量为

$$q = V n \eta_V = 2b\left[\pi(R^2-r^2)-\frac{(R-r)}{\cos\theta}sZ\right]n\eta_V \quad (3\text{-}15)$$

式中 b 为叶片宽度，R 为长半径圆弧，r 为短半径圆弧，θ 为叶片倾角，s 为叶片厚度，Z 为叶片数。

双作用叶片泵的叶片底部全都与压油腔相接，因而由于叶片厚度所造成的排量减小必须考虑。

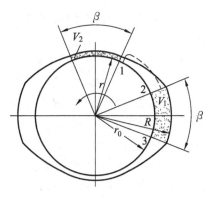

图 3.13 双作用叶片泵排量计算

双作用叶片泵的瞬时流量仍有微小的脉动，但其脉动率较其他形式的泵（螺杆泵除外）小得多，且在叶片数为 4 的倍数时最小。为此，双作用叶片泵的叶片一般都取 12 或 16 片。

3. 双作用定量叶片泵典型结构

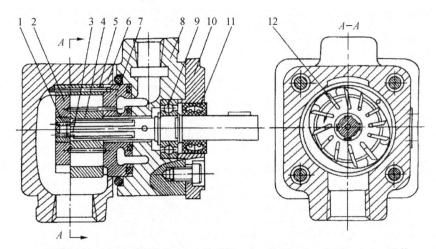

1—滚针轴承　2、7—配流盘　3—传动轴　4—转子　5—定子　6、8—泵体
9—滚动轴承　10—盖板　11—密封圈　12—叶片
图 3.14 双作用叶片泵结构简图

图 3.14 所示为双作用叶片泵结构简图。该泵主要有前、后泵体 8 和 6，在泵体中装有配流盘 2 和 7，用长定位销将配流盘和定子定位，固定在泵体上，以保证配流盘上吸、压油窗口位置与定子内表面曲线相对应。转子 4 上均匀地开有叶片槽（图 3.14 中为 12 条，在实际使用中具体数目由叶片泵的性能决定），叶片 12 可以在槽内沿径向方向滑动。配流盘 7 上开有与压油腔相通的环槽，将压力油引入叶片底部。传动轴 3 支承在滚针轴承 1 和滚动轴承 9 上，传动轴通过花键带动转子在配流盘之间转动。泵的左侧为吸油口，右侧（靠近伸出轴一端）为压油口。

4. 定子曲线

定子曲线是由四段圆弧和四段过渡曲线组成的,如图 3.15 所示。过渡曲线应保证叶片紧贴在定子内表面上,使叶片在转子槽中做径向运动时速度和加速度的变化均匀,对定子内表面的冲击尽可能小。

过渡曲线如采用阿基米德螺线,则叶片泵的流量理论上没有脉动,可是叶片在长、短半径圆弧和过渡曲线连接点处会产生很大的径向加速度,对定子产生冲击,造成连接点处严重磨损,并产生噪声。在连接点处用小圆弧进行修正,可以改善这种情况。在较为新式的泵中采用"等加速-等减速"曲线,国外有些叶片泵上采用了三次以上的高次曲线作为过渡曲线。

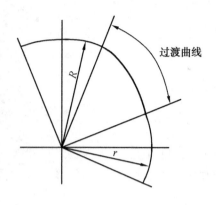

图 3.15　定子曲线

5. 提高双作用叶片泵压力的措施

一般的双作用叶片泵为了保证叶片与定子内表面紧密接触,叶片底部都是通压油腔的。但当叶片处在吸油腔时,叶片底部作用着压油腔的压力、顶部作用着吸油腔的压力,这一压力差使叶片以很大的力压向定子内表面,加速了定子内表面的磨损,影响了泵的寿命。对高压叶片泵来说,这一问题更为突出,所以高压叶片泵必须在结构上采取措施,使叶片压向定子的作用力减小。常用的措施有:

(1) 减小作用在叶片底部的油液压力。将泵压油腔的油通过阻尼槽或内装式减压阀通到吸油区的叶片底部,使叶片经过吸油腔时,叶片压向定子内表面的作用力不致过大。

(2) 减小叶片底部承受压力的作用面积。

图 3.16(a)为子母叶片的结构图示,大叶片与小叶片之间的油室 f 始终经槽 e、a 和压力油腔相通,而大叶片的底腔 g 则经转子上的孔 b 和所在油腔相通。这样叶片处于吸油腔时,作用在大叶片上的只有油室 f 的高压油,使压向定子内表面的作用力不致过大。

图 3.16(b)为阶梯叶片的结构图示。在这里阶梯叶片和阶梯叶片槽之间的油室 d 始终和压力油相通,而叶片的底部则和所在腔相通。这样,在吸油腔时,叶片在 d 室油液压力作用下压向定子内表面,减小了叶片和定子内表面间的作用力,但这种结构的工艺性较差。

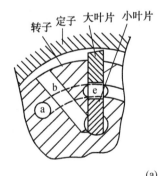 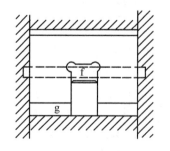 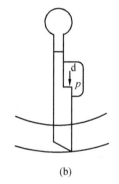

(a)　　　　　　　　　　(b)

图 3.16　子母叶片和阶梯叶片

三、限压式变量叶片泵

单作用叶片泵的类型很多,按改变偏心方向的不同,可分为单向变量泵和双向变量泵两种。双向变量泵能在工作中变换进、出油口,使液压执行元件反向运动;按改变偏心方式的不同,又有手调式变量泵和自动调节式变量泵之分,自动调节式变量泵又有限压式变量泵、稳流式变量泵等。限压式变量泵又可分为外反馈式和内反馈式。下面介绍外反馈式变量叶片泵。

1. 工作原理

图 3.17 所示为外反馈限压式变量叶片泵的工作原理图。它能根据外负载(泵出口压力)的大小自动调节泵的排量。图 3.17 中转子的中心 O 是固定不动的,定子(其中心为 O_2)可左右移动。当泵的转子逆时针方向旋转时,转子上部为压油腔,下部为吸油腔,压力油把定子向上压在滑块滚针支承上。定子右边有一反馈柱塞,它的油腔与泵的压油腔相通。设反馈柱塞的受压面积为 A_X,当作用在定子上的反馈力 pA_X 小于作用在定子左侧的弹簧预紧力 F_s 时,弹簧把定子推向最右边,此时偏心距达到最大值 e_{max},泵的输出流量最大。

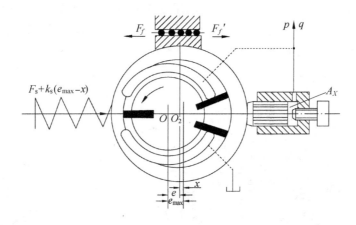

图 3.17 外反馈限压式变量叶片泵工作原理图

当泵的压力升高到 $pA_X > F_s$ 时,反馈力克服弹簧预紧力把定子向左推移 x 距离,于是偏心距减小了,泵的输出流量也随之减小。压力越高,偏心越小,输出流量也越小。

当压力大到泵内偏心所产生的流量全部用于补偿泄漏时,泵的输出流量为零,不管外负载再怎样加大,泵的输出压力不会再升高,所以这种泵被称为限压式变量叶片泵。至于外反馈的意义则表示反馈力是通过柱塞从外面加到定子上来的。

图 3.18 为外反馈限压式变量叶片泵的压力-流量(p-q)特性曲线。

图 3.18 中 AB 段是泵的定量段,在这里由于 e_{max} 是常数,输出的理论流量为定值,

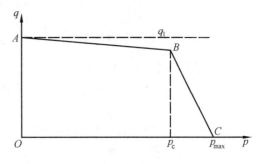

图 3.18 外反馈限压式变量叶片泵 p-q 特性曲线

但由于压力增大时泄漏量增加,所以实际输出流量减小;图中 BC 段是泵的变量段,这一区段内泵的实际流量随着压力的增大迅速下降,这时因为随着压力的增大,偏心距开始减小,所以流量下降。图 3.18 中的 B 点,称为曲线的拐点;拐点处的压力 p_c 值主要由弹簧预紧力 F_s 确定。通过调节 F_s 的大小,便可改变 p_c 和 p_{max} 的值,这时图 3.18 中 BC 段曲线左右平移。调节图 3.17 右端的流量调节螺钉,便可改变 e_{max},从而改变流量的大小,此时曲线 AB 段上下平移,但曲线 BC 段不会左右平移(因为 p_{max} 值不会改变),p_c 值则稍有变化。如更换刚度不同的弹簧,便可改变 BC 段的斜率,弹簧越"软"(弹簧刚度 k_s 值越小),BC 段越陡,p_{max} 值越小;反之,弹簧越"硬"(k_s 值越大),BC 段越平坦,p_{max} 值亦越大。

限压式变量叶片泵对既要实现快速运动,又要实现工作进给(慢速移动)的执行元件来说是一种合适的油源:快速运动时需要大的流量,负载压力较低,正好使用 AB 段曲线;工作进给时负载压力升高,需要流量减小,正好使用 BC 段曲线。

2. 典型结构

图 3.19 为外反馈限压式变量叶片泵的结构图。图中转子 4 由泵轴 7 驱动,带着 15 个叶片在定子 5 内转动;转子的中心是固定不动的,定子可在泵体 3 内左右移动,以改变转子和定子间的偏心距。滑块 6 用来支承定子 5,承受定子的内壁的液压作用力,并跟着定子一起移动。为了减小摩擦阻力,增加定子移动的灵活性,滑块顶部采用滚针支承。反馈柱塞 8 装在定子右侧的油腔中,此油腔与泵体的压油区有通道相连,油腔中的压力油作用在反馈柱塞 8 上,它与弹簧力联合控制着定子的位置。螺钉 1 用来调整弹簧 2 的预紧力,螺钉 9 用来调节定子的最大偏心量。

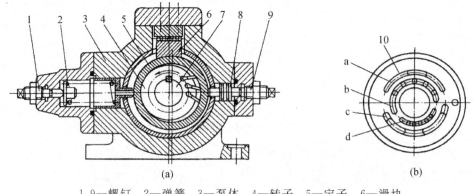

1,9—螺钉 2—弹簧 3—泵体 4—转子 5—定子 6—滑块
7—泵轴 8—反馈柱塞 9—螺钉 10—配流盘

图 3.19 外反馈限压式变量叶片泵结构图

这种泵的配流盘 10 上压油腔 a 和吸油腔 c 的位置,正好对称分布在水平线的上下,使定子内壁所受液压力的合力方向垂直于弹簧 2 的轴线,这样就使弹簧力只与反馈柱塞上的液压力相平衡,油槽 b 和 d 分别与转子上压油区和吸油区叶片槽的根部接通。由于 a 和 b、c 和 d 是相连的,所以吸油区和压油区内的叶片顶部和底部的液压力基本上是平衡的。在封油区内,为了保证叶片可靠地压在定子内表面上,叶片槽的底部是接通压油区的(为此油槽 b 的包角须比油槽 d 的大),这部分定子内表面的受力和磨损情况都比较严重。此外,为了防止高压腔与低压腔串通,两个叶片之间的夹角一定要小于封油区的包角,因此两叶片之间所包围的密封工作腔在进入封油区时会产生困油现象。

3. 优缺点和用途

限压式变量叶片泵与定量叶片泵相比,结构复杂,轮廓尺寸大,做相对运动的机件多,泄漏较大,轴上受有不平衡的径向液压力,噪声较大,容积效率和机械效率都没有定量叶片泵高,流量脉动亦较定量泵严重,制造精度和用油要求则与定量叶片泵相同;但是,它能按负载压力自动调节流量,在功率使用上较为合理,可减少油液发热。因此,将它用于机床液压系统中要求执行元件有快、慢速和保压阶段的场合,有利于简化液压系统。

四、叶片式液压马达

图 3.20 所示为叶片式液压马达工作原理图。当压力油通入压油腔后,在叶片 1、3(或 5、7)上,一面作用有高压油,另一面为低压油。由于叶片 3 伸出的面积大于叶片 1 伸出的面积,因此作用于叶片 3 上的总液压力大于作用于叶片 1 上的总液压力,两者之差使叶片带动转子做逆时针方向旋转,作用于其他叶片如 5、7 上的液压力,其作用原理同上。叶片 2、6 两面同时受压力油作用,受力平衡对转子不产生作用转矩。叶片式液压马达的输出转矩与液压马达的排量和液压马达进出油口之间的压力差有关,其转速由输入液压马达的流量大小来决定。

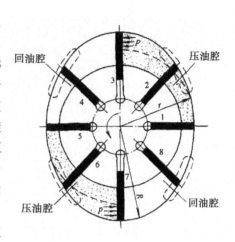

图 3.20 叶片式液压马达工作原理图

由于液压马达一般都要求能正反转,所以叶片式液压马达的叶片要径向放置。为了使叶片根部始终通有压力油,在回、压油腔通入叶片根部的通路上应设置单向阀,为了确保叶片式液压马达在压力油通入后能正常启动,必须使叶片顶部和定子内表面紧密接触,以保证良好的密封,因此在叶片根部应设置预紧弹簧。

叶片式液压马达体积小,转动惯量小,动作灵敏,适用于换向频率较高的场合,但泄漏量较大,低速工作时不稳定。因此叶片式液压马达一般用于转速高、转矩小和动作要求灵敏的场合。

第四节　柱塞泵与柱塞式液压马达

柱塞泵是靠柱塞在缸体中做往复运动使密封容积发生变化来实现吸油与压油的液压泵,与齿轮泵和叶片泵相比,这种泵有许多优点:

(1) 构成密封容积的零件为圆柱形的柱塞和缸孔,加工方便,可得到较高的配合精度,密封性能好,在高压下工作仍有较高的容积效率。

(2) 只需改变柱塞的工作行程就能改变排量,易于实现流量调节。

(3) 柱塞泵主要零件均受压应力,材料强度性能可得以充分利用。

因此,柱塞泵压力高、结构紧凑、效率高,流量调节方便。

柱塞泵在需要高压、大流量、大功率的系统中和流量需要调节的场合,如龙门刨床、拉床、液压机、工程机械、矿山冶金机械、船舶上得到广泛的应用。

柱塞泵按柱塞的排列和运动方向不同，可分为径向柱塞泵和轴向柱塞泵。

一、径向柱塞泵

1. 工作原理

图 3.21 所示为径向柱塞泵工作原理图。在转子（缸体）2 上径向均匀排列着柱塞孔，孔中装有柱塞 1，柱塞可在孔中自由滑动。衬套 3 固定在转子孔内并随转子一起旋转。配流轴 5 固定不动，其中心与定子中心有一偏心 e，定子能左右移动。

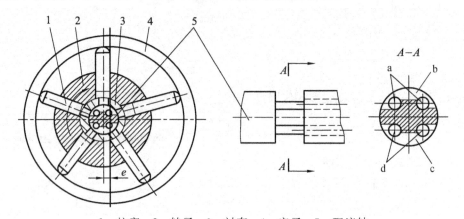

1—柱塞　2—转子　3—衬套　4—定子　5—配流轴

图 3.21　径向柱塞泵工作原理图

转子顺时针方向转动时，柱塞在离心力的作用下压紧在定子 4 的内壁上，当柱塞转到上半周，柱塞向外伸出，径向孔内的密封工作容积不断增大，产生局部真空，将油箱中的油液经配流轴上的 a 孔吸入 b 腔；当柱塞转到下半周时，柱塞被定子的表面向里推入，密封工作容积不断减小，将 c 腔的油通过配流轴上的 d 孔向外压出。转子每转一转，柱塞在每个径向孔内吸、压油各一次。改变定子与转子的偏心量 e，就可以改变泵的排量；改变偏心的方向，泵的吸、压油方向发生变化。因此，径向柱塞泵可以做成单向或双向变量泵。

由于径向柱塞泵的径向尺寸大，结构复杂，自吸能力差，配流轴受径向不平衡力的作用，直径必须做得较粗，以免变形过大，同时配流轴与衬套之间产生磨损后的间隙不能自动补偿，泄漏较大，这些原因限制了径向柱塞泵的转速和压力的进一步提高。

2. 排量和流量的计算

当径向柱塞泵的转子和定子间的偏心量为 e 时，柱塞在缸体内孔的行程为 $2e$，若柱塞数为 Z，柱塞直径为 d，则泵的排量为

$$V = \frac{\pi}{4}d^2 \cdot 2eZ \tag{3-16}$$

若泵的转速为 n，容积效率为 η_V，则泵的实际流量为

$$q = \frac{\pi}{4}d^2 \cdot 2eZn\eta_V \tag{3-17}$$

由于柱塞在缸体中径向移动速度是变化的，而各个柱塞在同一瞬间径向移动速度也不一样，所以径向柱塞泵的瞬时流量是脉动的。由于柱塞数为奇数时要比偶数时的瞬时流量脉动小得多，所以径向柱塞泵的柱塞个数多采用奇数。

二、轴向柱塞泵

轴向柱塞泵的柱塞轴向排列。当缸体轴线和传动轴轴线重合时,称为斜盘式轴向柱塞泵;当缸体轴线和传动轴轴线成一个夹角 γ 时,称为斜轴式轴向柱塞泵。斜盘式轴向柱塞泵根据传动轴是否贯穿斜盘又分为通轴式和非通轴式轴向柱塞泵两种。

轴向柱塞泵具有结构紧凑、功率密度大、重量轻、工作压力高、容易实现流量调节等优点。

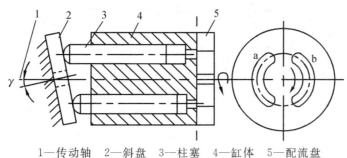

1—传动轴　2—斜盘　3—柱塞　4—缸体　5—配流盘
图 3.22　斜盘式轴向柱塞泵工作原理图

1. 工作原理

图 3.22 所示为斜盘式轴向柱塞泵工作原理图。斜盘式轴向柱塞泵由传动轴 1、斜盘 2、柱塞 3、缸体 4 和配流盘 5 等主要零件组成。传动轴带动缸体旋转,斜盘和配流盘是固定不动的。柱塞均布于缸体内,柱塞头部靠机械装置或在低压油作用下紧压在斜盘上。斜盘的法线和缸体轴线有一夹角 γ。当传动轴按图 3.22 所示方向旋转时,柱塞一方面随缸体转动,另一方面还在机械装置和低压油的作用下,在缸体内做往复运动,柱塞在自下而上的半圆周内旋转时逐渐向外伸出,使柱塞底部形成的密封工作容积不断增大,产生局部真空,从而将油液经配流盘的吸油口 a 吸入;柱塞在自上而下的半圆周内旋转时又逐渐压入缸体内,使密封容积不断减小,将油液经配流盘窗口 b 向外压出。缸体每转一周,每个柱塞往复运动一次,完成吸、压油各一次。

如果改变斜盘倾角 γ 的大小,就能改变柱塞行程长度,也就改变了泵的排量;如果改变斜盘倾角 γ 的方向,就能改变吸、压油的方向,此时就能成为双向变量轴向柱塞泵。

图 3.23 所示为斜轴式轴向柱塞泵工作原理图。这种泵当传动轴 1 在电动机的带动下转动时,连杆 2 推动柱塞 4 在缸体 3 中做往复运动,同时连杆的侧面带动柱塞连同缸体一同旋转。利用固定不动的平面配流盘 5 的吸入、压出窗口进行吸油、压油。若改变缸体的倾斜角度,就可改变泵的排量;若改变缸体的倾斜方向,就可成为双向变量轴向柱塞泵。

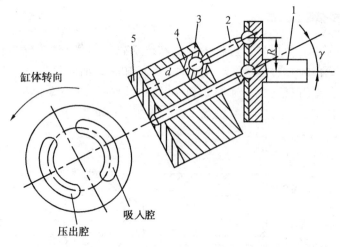

1—传动轴 2—连杆 3—缸体 4—柱塞 5—平面配流盘

图 3.23 斜轴式轴向柱塞泵工作原理图

2. 排量和流量的计算

图 3.24 所示为轴向柱塞泵柱塞运动规律示意图。根据此图可求出轴向柱塞泵的排量和流量。设柱塞直径为 d，柱塞数为 Z，柱塞中心分布圆直径为 D，斜盘倾角为 γ，则柱塞行程 h 为

$$h = D\tan\gamma \tag{3-18}$$

缸体转一整转时，泵的排量 V 为

$$V = \frac{\pi}{4}d^2 Zh = \frac{\pi}{4}d^2 ZD\tan\gamma \tag{3-19}$$

泵的实际输出流量 q 为

$$q = \frac{\pi}{4}ZD\tan\gamma\, n\eta_V \tag{3-20}$$

式中，n 为泵的转速；η_V 为泵的容积效率。

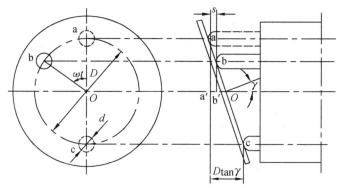

图 3.24 轴向柱塞泵柱塞运动规律示意图

实际上，由于柱塞在缸体孔中运动的速度不是恒速，因而输出流量是有脉动的，当柱塞数为奇数时，脉动较小，因而一般柱塞泵的柱塞个数为 7、9 或 11。

三、柱塞式液压马达

柱塞式液压马达也分为轴向式与径向式两种。这里以径向式液压马达为例来说明其工作原理。

图 3.25 所示为径向柱塞式液压马达工作原理图。当压力油经固定的配油轴 4 的窗口进入缸体 3 内柱塞 1 的底部时,柱塞向外伸出,紧紧顶在定子 2 的内壁上,由于定子与缸体存在一偏心距 e,在柱塞与定子接触处,定子对柱塞的反作用力为 F_N。F_N 可分解为 F_F 和 F_T 两个分力。当作用在柱塞底部的油液压力为 p,柱塞直径为 d,F_F 与 F_N 之间的夹角为 φ 时,它们分别为

$$F_F = p\frac{\pi}{4}d^2 \quad (3-21)$$

$$F_T = F_F \tan\varphi \quad (3-22)$$

分力 F_T 对缸体产生转矩,使缸体旋转。缸体再通过端面连接的传动轴向外输出转矩和转速。

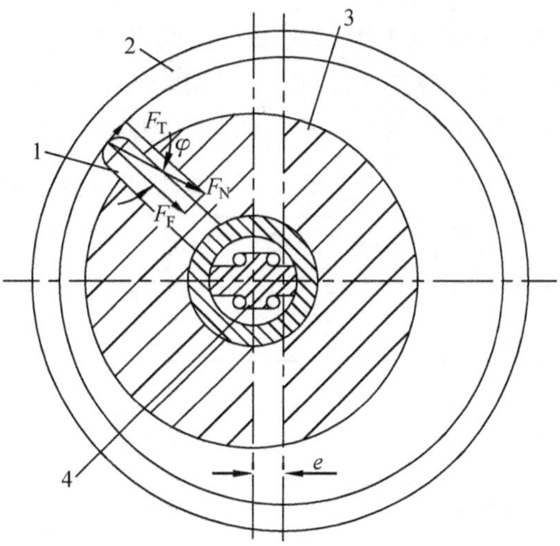

1—柱塞 2—定子 3—缸体 4—配油轴
图 3.25 径向柱塞式液压马达工作原理图

以上分析的是一个柱塞产生转矩的情况,由于在压油区作用有好几个柱塞,在这些柱塞上所产生的转矩都使缸体旋转而输出转矩。径向柱塞式液压马达多用于低速大转矩的情况下。

第五节 液压泵的选用

一、泵的参数选择

泵的基本参数是压力、流量、转速、效率。一般应根据系统的实际工况来选择,在固定设备中液压系统的正常工作压力可选择为泵额定压力的 70%～80%,车辆用液压系统工作压力可选择为泵额定压力的 50%～60%,以保证泵有足够的寿命。泵的第二个参数是流量或排量,泵的流量须大于液压系统工作时的最大流量。泵的效率是泵质量好坏的体现,一般来说,应使主机的常用工作参数处在泵效率曲线的高效区域。另外,泵的最高压力与最高转速不宜同时使用,以延长泵的使用寿命。产品说明书中往往提供了较详细的泵技术参数图表,在选择时,应严格遵照产品说明书中的规定。

转速的选择应严格按照产品技术规格表中的规定,不得超过最高转速值。至于其最低转速,在正常使用条件下,并没有严格的限制。

二、液压泵的选用

液压泵是液压传动系统的动力源,在液压系统设计的开始以及完成系统基本参数计算

和绘制液压系统原理图后,选择液压泵时,在满足系统工作要求的前提下,应对液压泵的类型、基本参数和主要性能等进行全面考虑,合理选择使用液压泵,以优化系统工作参数,达到较佳的工作效益(社会效益和经济效益)。

一般在负载小、功率小的机械设备中,可用齿轮泵和双作用叶片泵;精度较高的机械设备(例如磨床)可用螺杆泵和双作用叶片泵;在负载较大并有快速和慢速运动的机械设备(如组合机床)中,可用限压式变量叶片泵;负载大、功率大的机械设备可使用柱塞泵;机械设备的辅助装置,如送料、夹紧等要求不太高的地方,可使用价廉的齿轮泵。表3.2所列的为液压系统中常用液压泵的一些性能情况。

表3.2　液压系统常用液压泵的性能比较

性能	外啮合齿轮泵	双作用叶片泵	限压式变量叶片泵	径向柱塞泵	轴向柱塞泵	螺杆泵
输出压力	低压、中压	中压、中高压	中压、中高压	高压	高压	低压
流量调节	不能	不能	能	能	能	不能
效率	低	较高	较高	高	高	较高
输出流量脉动	很大	很小	一般	一般	一般	最小
自吸特性	好	较差	较差	差	差	好
对油污染敏感性	不敏感	较敏感	较敏感	很敏感	很敏感	不敏感
噪声	大	小	较大	大	大	最小

复习与思考

1. 什么是容积式液压泵?它是怎样工作的?其工作压力和输出流量的大小各取决于什么?

2. 什么是液压泵和液压马达的额定压力?其大小由什么来决定?

3. 提高齿轮泵的工作压力,所要解决的关键问题是什么?高压齿轮泵有哪些结构上的特点?

4. 什么是齿轮泵的困油现象?这种现象有何害处?用什么方法可以消除困油现象?其他类型的液压泵是否有困油现象?

5. 限压式变量叶片泵有何特点?它适用于什么场合?用何方法可以来调节其压力-流量特性?

6. 某液压泵输出压力 $p=10$ MPa,转速 $n=1450$ r/min,排量 $V=200$ mL/r,容积效率 $\eta_V=0.95$,总效率 $\eta=0.9$。试计算该驱动泵的电机功率和泵的输出功率。

第四章 液压缸

第一节 液压缸的工作原理、类型及特点

液压缸亦称油缸,是液压系统中的执行元件,它把输入的液体压力能转换成机械能输出。液压缸输入的压力能表现为液体的流量和压力,输出的机械能表现为速度和力。液压缸用来驱动工作机构实现直线往复运动或往复摆动。液压缸结构简单,工作可靠,做直线往复运动时,可省去减速机构,且没有传动间隙,传动平稳、反应快,因此在液压系统中被广泛应用。

一、液压缸的工作原理

液压缸的工作原理图见图 4.1。液压缸由缸筒 1、活塞 2、活塞杆 3、端盖 4、活塞杆密封件 5 等主要部件组成。其他类型的活塞式液压缸的主要零件与图 4.1 所示结构基本类似。

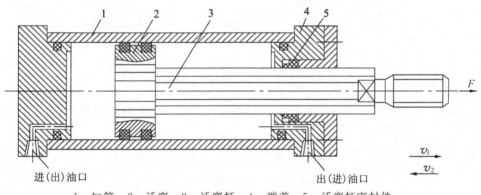

1—缸筒 2—活塞 3—活塞杆 4—端盖 5—活塞杆密封件
图 4.1 液压缸的工作原理图

若缸筒固定,左腔连续地输入压力油,当油的压力足以克服活塞杆上的所有负载时,活塞以速度 v_1 连续向右运动,活塞杆对外界做功。反之,往右腔输入压力油时,活塞以速度 v_2 向左运动,活塞杆也对外界做功。这样,完成了一个往复运动。若活塞杆固定,左腔连续地输入压力油时,则缸筒向左运动。当往右腔连续地通入压力油时,则缸筒右移。

由此可知,输入液压缸的油必须具有压力 p 和流量 q。压力用来克服负载,流量用来形成一定的运动速度。输入液压缸的压力和流量就是给缸输入压力能;活塞作用于负载的力和运动速度就是液压缸输出的机械能。因此,缸输入的压力 p、流量 q,以及提供的作用力 F 和速度 v 是液压缸的主要性能参数。

二、液压缸的分类

为了满足各种主机的不同用途,液压缸有多种类型。

液压缸按作用方式分,可分为单作用缸和双作用缸。单作用缸是压力油只能使缸向一个方向运动,反向运动须借助其他外力,如重力、弹性力等。双作用缸是缸的正反向运动均靠液压力完成。

液压缸按结构形式分,可分为活塞缸、柱塞缸、摆动缸和伸缩式套筒缸等。最常用的液压缸是活塞缸。按活塞杆的形式分,可分为单活塞杆缸和双活塞杆缸。

液压缸按特殊用途分,可分为串联缸、增压缸、增速缸、步进缸等。此类缸都不是一个单纯的缸筒,而是和其他缸筒和构件组合而成的,所以从结构的观点看,这类缸又叫组合缸。

第二节 液压缸的类型与基本参数计算

一、双活塞杆缸的计算

双活塞杆缸的计算简图见图 4.2。根据连续性方程,进入液压缸的液体流量等于液流截面积和流速的乘积,而液压缸液流的截面积即是活塞的有效面积,液流的平均流速即是活塞的运动速度。因此

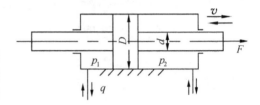

图 4.2 双活塞杆缸计算简图

$$v = \frac{q}{A} = \frac{q}{\frac{\pi}{4}(D^2 - d^2)} \quad (4-1)$$

式中,q 为进入缸的液体流量;v 为活塞的运动速度;A 为活塞的有效面积;D 为活塞直径,即缸筒内径;d 为活塞杆直径。

从理论上讲,活塞杆提供的力 F 等于活塞两侧有效面积和活塞两腔压力差的乘积,即

$$F = (p_1 - p_2) \cdot \frac{\pi}{4}(D^2 - d^2) \quad (4-2)$$

式中,p_1 为进油压力;p_2 为回油压力,即液压缸出油口的背压。

以上计算未考虑油从活塞的一腔到另一腔的内泄漏和端盖与活塞杆之间的外泄漏,以及活塞和缸筒、活塞杆和端盖之间的摩擦力。

由以上公式可知,这类缸(两侧活塞杆直径相等)在两个方向上的运动速度和输出力均相等。

二、单活塞杆缸的计算

单活塞杆缸的计算简图见图 4.3。

无杆腔活塞的有效面积 $A_1 = \frac{\pi}{4}D^2$;

有杆腔活塞的有效面积 $A_2 = (D^2 - d^2) \times \frac{\pi}{4}$。

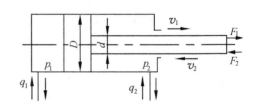

图 4.3 单活塞杆缸计算简图

1. 无杆腔进油

当压力油进入无杆腔的流量为 q_1 时,活塞右移速度为 v_1、提供力为 F_1,则

$$v_1 = \frac{q_1}{A_1} = \frac{q_1}{\frac{\pi}{4}D^2} \tag{4-3}$$

$$F_1 = p_1 A_1 - p_2 A_2 = (p_1 - p_2)\frac{\pi}{4}D^2 + p_2 \frac{\pi}{4}d^2 \tag{4-4}$$

式中,p_1 为进油压力;p_2 为回油压力。

2. 有杆腔进油

当压力油进入有杆腔的流量为 q_2 时,活塞左移速度为 v_2,提供力为 F_2,则

$$v_2 = \frac{q_2}{A_2} = \frac{q_2}{\frac{\pi}{4}(D^2-d^2)} \tag{4-5}$$

$$F_2 = p_1 A_2 - p_2 A_1 = (p_1 - p_2)\frac{\pi}{4}D^2 - p_1 \frac{\pi}{4}d^2 \tag{4-6}$$

若 $q_1 = q_2 = q$,$p_1 = p$,$p_2 = 0$,则式(4-3)~式(4-6)分别为

$$v_1 = \frac{q_1}{A_1} = \frac{q}{\frac{\pi}{4}D^2} \tag{4-7}$$

$$F_1 = q_2 A_1 = p\frac{\pi}{4}D^2 \tag{4-8}$$

$$v_2 = \frac{q_2}{A_2} = \frac{q}{\frac{\pi}{4}(D^2-d^2)} \tag{4-9}$$

$$F_2 = p_1 A_2 = p\frac{\pi}{4}(D^2-d^2) \tag{4-10}$$

由于 $A_1 > A_2$,所以 $v_1 < v_2$,$F_1 > F_2$。说明:若分别进入液压缸两腔的流量均为 q,进口压力均为 p,则流量 q 进入无杆腔时,活塞的运动速度较小,而输出力较大;流量 q 进入有杆腔时,活塞的运动速度较大,而输出力较小。因此,常把压力油进入无杆腔的情况作为工作行程,而把压力油进入有杆腔的情况作为空回行程。

3. 差动连接

若将单活塞杆缸的无杆腔与有杆腔相连(图 4.4),则单活塞缸形成差动连接。这时缸两腔的压力虽相等,但由于两边的有效作用面积不同($A_1 > A_2$),活塞仍向右运动。

因为 $q + vA_2 = vA_1$,所以活塞的运动速度为

$$v = \frac{q}{A_1 - A_2} = \frac{q}{\frac{\pi}{4}d^2} \tag{4-11}$$

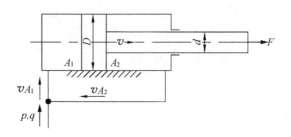

图 4.4 差动连接示意图

活塞的输出力为

$$F = p(A_1 - A_2) = p\frac{\pi}{4}d^2 \tag{4-12}$$

将非差动连接无杆腔进油的缸和差动连接缸相比较,两者的运动状态相同,从式(4-7)和式(4-8)、式(4-11)和式(4-12)可见,后者的速度比较快,由此可见,差动连接缸可在不增加流量的情况下,得到更快的运动速度。若 $A_1 = A_2/2$,即 $D = \sqrt{2}d$,则差动连接缸的运动速度 v 与有杆腔进油时的速度 v_2 相等,即

$$v_2 = \frac{q}{A_2} = \frac{q}{\frac{\pi}{4}(D^2 - d^2)} = \frac{q}{\frac{\pi}{4}d^2} = v \tag{4-13}$$

三、柱塞缸

由于活塞式液压缸内壁精度要求很高,当缸体较长时,孔的精加工较困难,故改用柱塞缸。因柱塞缸内壁不与柱塞接触,缸体内壁可以粗加工或不加工,只要求柱塞和导向套精加工即可。

如图 4.5 所示,柱塞缸由缸体 1、柱塞 2、导向套 3、弹簧卡圈 4 等组成。其特点如下:

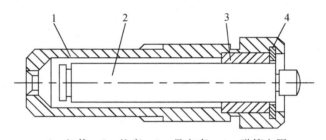

1—缸体 2—柱塞 3—导向套 4—弹簧卡圈
图 4.5 柱塞式液压缸结构

(1) 柱塞和缸体内壁不接触,具有加工工艺性好、成本低的优点,适用于行程较长的场合。

(2) 柱塞缸是单作用缸,即只能实现一个方向的运动,回程要靠外力(如弹簧力、重力)或成对使用。

(3) 柱塞工作时总是受压,因而要有足够的刚度。

(4) 柱塞重力较大(为此有时做成中空结构),水平安置时因自重会下垂,引起密封件和导向套单边磨损,故多数为垂直使用。

柱塞缸输出的推力和速度分别为

$$F = pA = p\frac{\pi}{4}d^2 \tag{4-14}$$

$$v = \frac{q}{A} = \frac{q}{\frac{\pi}{4}d^2} \tag{4-15}$$

式中,d 为柱塞直径。其他物理量同前。

四、摆动缸

摆动缸也称摆动液压马达。当它通入压力油时,其主轴能做小于 360°的摆动,常用于工夹具夹紧装置、送料装置、转位装置以及需要周期性进给的系统中。图 4.6(a)所示为单叶片式摆动缸结构图,它的摆动角度较大,可达 300°。当摆动缸进出油口压力为 p_1 和 p_2、输入流量为 q 时,它的输出转矩 T 和角速度 ω 各为

$$T = \frac{b}{2}(R_2^2 - R_1^2)(p_1 - p_2) \tag{4-16}$$

$$\omega = 2\pi n = \frac{2q}{b(R_2^2 - R_1^2)} \tag{4-17}$$

式中,b 为叶片的宽度;R_1、R_2 分别为叶片底部、顶部的回转半径。

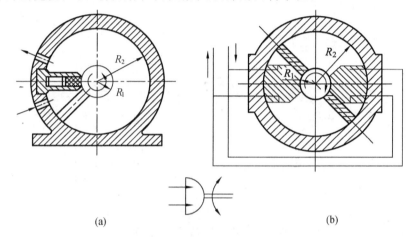

图 4.6 摆动缸结构图

图 4.6(b)所示为双叶片式摆动缸结构图,它的摆动角度较小,一般为 150°,它的输出转矩约是单叶片式摆动缸的两倍,而角速度则是单叶片式摆动缸的一半。

五、组合式液压缸

1. 增压缸

增压缸又称增压器。在某些短时或局部需要高压液体的液压系统中,常用增压缸与低压大流量泵配合使用,单作用增压缸的工作原理图如图 4.7 所示,当低压为 p_1 的油液推动增压缸的大活塞时,大活塞推动与其连成一体的小活塞输出压力为 p_2 的高压液体,当大活塞直径为 D,小活塞直径为 d 时,

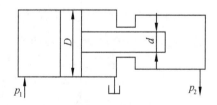

图 4.7 增压缸的工作原理图

$$p_2 = p_1 \left(\frac{D}{d}\right)^2 = K p_1 \tag{4-18}$$

式中,$K = \left(\frac{D}{d}\right)^2$ 称为增压比,它可将输入压力提高 K 倍后输出。

2. 增速缸

增速缸的工作原理图见图 4.8。先从 a 口进油使活塞 2 以较快的速度右移。活塞 2 运

动到某一位置后,再从 b 口供油,活塞 2 以较慢的速度右移,同时输出力也相应增大。

3. 伸缩缸

伸缩缸又称多级缸,由两级或多级活塞缸套装而成。图 4.9 所示为一种双作用式伸缩缸。它的前一级活塞就是后一级的缸体,这种伸缩缸的各级活塞依次伸出,可获得很长的行程。活塞伸出的顺序从大到小,在输入流量不变的情况下,输出推力逐级减小,速度逐级加大。空载缩回的顺序一般从小到大,缩回后缸的总长较短、结构较紧凑,常用在工程机械上。

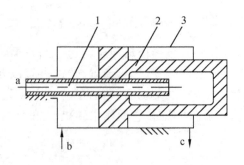

1—油杆　2—活塞　3—缸体
图 4.8　增速缸的工作原理图

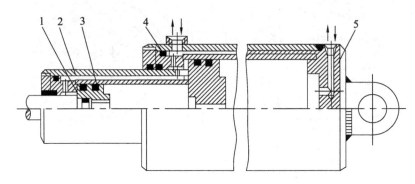

1—活塞　2—套筒　3—O 形密封圈　4—缸体　5—缸盖
图 4.9　双作用式伸缩缸的结构

第三节　液压缸的结构、组成及安装形式

一、液压缸典型结构

图 4.10 所示为工程机械中通用的一种双作用单杆活塞液压缸的结构图。它是由缸底 2、活塞 8、缸筒 11、活塞杆 12、导向套 13 和端盖 15 等主要零件组成。缸筒一端与缸底焊接,另一端与缸盖用螺纹焊接,以便拆装检修。活塞和活塞杆用卡环连接;活塞上的支承环 9 由聚四氟乙烯或尼龙等耐磨材料制成,摩擦力较小;用青铜或球墨铸铁等耐磨材料制成的导向套可使活塞杆在轴向运动中不致歪斜,从而保护了密封件;缸的两端均有缝隙式缓冲装置,可减少活塞在运动到端部时的冲击和噪声。考虑到活塞杆外露部分会黏附尘土,故缸盖孔口处设有防尘圈 19。在缸底和活塞杆顶端的耳环 21 上,有供安装用或与工作机械连接用的耳环轴套,此类缸的工作压力为 16～31.5 MPa。

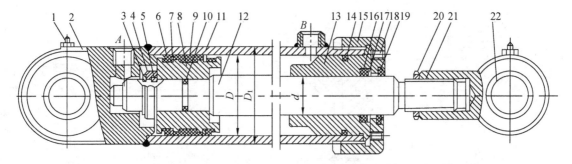

1—油塞 2—缸底 3—弹性挡圈 4—卡环套 5—卡环(由2个半圆组成) 6—密封圈 7、17—挡圈
8—活塞 9—支承环 10、14—O形密封圈 11—缸筒 12—活塞杆 13—导向套 15—端盖
16—密封圈 18—锁紧螺钉 19—防尘圈 20—锁紧螺母 21—耳环 22—耳环轴套

图 4.10 双作用单杆活塞液压缸的结构

二、液压缸的组成

从图 4.10 可以看出,液压缸的结构组成基本上可以分为缸筒、缸盖、活塞和活塞杆、密封装置、缓冲装置和排气装置等几个部分。

1. 缸筒

目前最常用的缸筒材料为 20 号或 45 号无缝钢管。缸筒内壁表面粗糙度要求较高,一般为 $R_a 0.20 \mu m$。内孔加工采用镗孔、滚压、珩磨等工艺。

液压缸的缸筒内径 D 是根据负载大小和选定的工作压力,或运动速度和输入的流量,经计算后再根据下表选取。

表 4.1 缸筒内径尺寸系列(GB/T 2348—1993) (mm)

8	10	12	16	20	25	32	40	50	63
80	(90)	100	(110)	125	(140)	160	(180)	200	(220)
250	(280)	320	(360)	400	450	500	630		

注:括号内数值为非优先选用。

2. 缸筒和缸盖的连接

图 4.11 所示为常见的缸筒和缸盖结构形式。图 4.11(a)为法兰连接式,这种连接结构简单,容易加工,容易装拆,但外形尺寸和重量都较大。图 4.11(b)为半环连接式,这种连接分为外半环连接和内半环连接两种形式。它的缸筒壁部因开了环形槽而削弱了强度,为此有时要加厚缸壁。它容易加工和装拆,重量较轻,半环连接是一种应用较普遍的形式。图 4.11(c)、(f)为螺纹连接式,这种连接有外螺纹连接和内螺纹连接两种方式,它的缸筒端部结构复杂,外径加工时要求保证内外径同心,装拆要使用专用工具,它的外形尺寸和重量都较小,结构紧凑。图 4.11(d)为拉杆连接式,这种连接结构简单,工艺性好,通用性强,易于装拆,但端盖的体积和重量较大,拉杆受力后会拉伸变长,影响密封效果,仅适用于长度不大的中低压缸。图 4.11(e)为焊接式连接,这种连接强度高、制造简单,但焊接时容易引起缸筒变形。

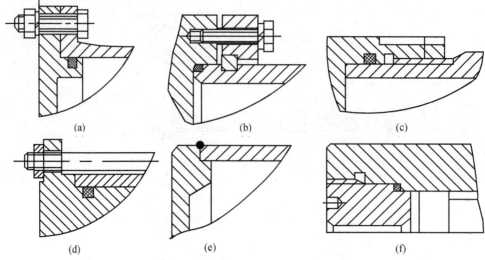

图 4.11 常见液压缸的缸筒和缸盖结构

3. 活塞和活塞杆

活塞和活塞杆的结构形式很多,常见的除整体式外,还有螺纹式连接和半环式连接等多种形式,如图 4.12 所示。螺纹式连接[图 4.12(a)]的结构简单,装拆方便,但在高压大负载下需备有螺母防松装置。半环式连接[图 4.12(b)]的结构较紧凑,工作可靠。活塞上开有沟槽,以便安装密封圈及导向(支承)环。活塞杆一般采用优质碳素结构钢制成。对于有腐蚀性气体场合及工作于海水下面的液压缸,则多采用不锈钢制造。活塞杆一般用棒料,现在大多采用冷拉棒材,进行少、无切削加工。

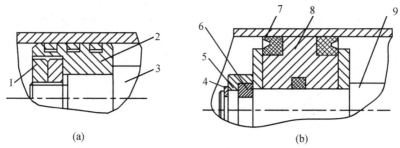

1—螺母　2、8—活塞　3、9—活塞杆　4—弹簧卡圈　5—轴套　6—半环　7—压板

图 4.12 活塞和活塞杆的结构

为了提高硬度、耐磨性和耐腐蚀性,活塞杆的材料通常要求淬火深度为表面内 0.5~1 mm,硬度通常为 HRC50~60,然后表面再镀硬铬,镀层厚度为 0.015~0.05 mm。这样,在恶劣的工作条件下,既可避免碰伤,又可在雨水、盐分、灰砂、尘土严重污染的环境中避免锈蚀。

活塞杆直径 d 按工作时的受力情况来决定,如表 4.2 所示。计算出的活塞杆直径 d,按表 4.3 加以对照。

表 4.2 活塞杆直径的选取

活塞杆受力情况	受 拉 伸	受 压 缩		
		$p \leqslant 5$ MPa	5 MPa$<p \leqslant 7$ MPa	$p>7$ MPa
活塞杆直径	$(0.3 \sim 0.5)D$	$(0.5 \sim 0.55)D$	$(0.6 \sim 0.7)D$	$0.7D$

表 4.3 活塞杆直径尺寸系列(GB/T 2384—1993) (mm)

4	5	6	8	10	12	14	16	18	20
22	25	28	32	36	40	45	50	56	63
70	80	90	100	110	125	140	160	180	200
220	250	280	320	360	400				

4. 密封装置

液压缸的密封装置用以防止油液的泄漏(液压缸一般不允许外泄漏并要求内泄漏尽可能小)。密封装置设计的好坏对于液压缸的静、动态性能有着重要的影响。一般要求密封装置应具有良好的密封性、尽可能长的寿命、制造简单，拆装方便，成本低。液压缸的密封主要指活塞、活塞杆处的动密封和缸盖等处的静密封，如图 4.10 中的 O 形密封圈和 Y 形密封圈，以及组合式密封装置(格来圈)，有关密封装置的结构、材料、安装和使用等详见第六章。

对于活塞杆外伸部分来说，由于它很容易把脏物带入液压缸，使油液受污染，使密封件磨损，因此常需要在活塞杆密封处增添防尘圈，并放在向着活塞杆外伸的一段。

5. 缓冲装置

液压缸中缓冲装置的工作原理，是利用活塞或缸筒在其走向行程终端时在活塞和缸盖之间封住一部分油液，强迫它从小孔或细缝中挤出，产生很大的阻力，使工作部件受到制动，逐渐减慢运动速度，达到避免活塞和缸盖相互撞击的目的。表 4.4 介绍了液压缸中常用缓冲装置的基本情况。

液压缸中常用的缓冲装置有节流口可调式和节流口变化式两种，它们的主要性能和特点见表 4.4。

表 4.4 液压缸中常用缓冲装置的形式和特点

形式及其工作原理	特 点 说 明
节流口可调型	1. 被封在活塞和缸盖间的油液经针形节流阀流出 2. 节流阀开口可根据负载情况进行调节 3. 起始缓冲效果大，随着活塞的行进，缓冲效果逐渐减弱，故制动行程长 4. 缓冲腔中的冲击压力大 5. 缓冲性能受油温影响 6. 适用范围广

续表

形式及其工作原理	特 点 说 明
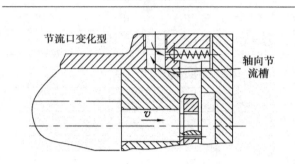 节流口变化型　轴向节流槽	1. 被封在活塞和缸盖间的油液经活塞上的轴向节流阀流出 2. 缓冲过程中节流口通流截面不断减小，当轴向的横截面为矩形，纵截面为抛物线时，缓冲腔可保持恒压 3. 缓冲作用均匀，缓冲腔压力较小，制动位置精度高

6. 排气装置

液压缸中的排气装置通常有两种形式：一种是在缸盖的最高部位处开排气孔，用长管道接向远处排气阀排气，如图 4.13(a) 所示；另一种是在缸盖最高部位安装排气塞，如图 4.13(b) 所示。两种排气装置都是在液压缸排气时打开（让它全行程往复移动数次），排气完毕关闭。排气装置在液压缸中是十分必要的，这是因为油液中混入的空气或液压缸长期不使用，外界侵入的空气都积聚在缸内最高部位处，影响液压缸运动平稳性——低速时引起爬行、启动时造成冲击、换向时降低精度等。

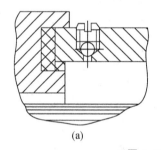
(a)

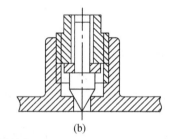
(b)

图 4.13　排气装置的结构

三、液压缸的安装方式

液压缸与机体的各种安装方式见表 4.5。当缸筒与机体间没有相对运动时，可采用底座或法兰来安装定位；如果缸筒与机体间需有相对转动，则可采用轴销、耳环或球头等连接方式。当液压缸两端都有底座时，只能固定一端，使另一端浮动，以适应热胀冷缩的需要，在液压缸较长时这点更为重要。采用法兰或轴销安装定位时，法兰或轴销的轴向位置会影响活塞杆的压杆稳定性，这点应予以注意。

表 4.5 液压缸的安装定位方式

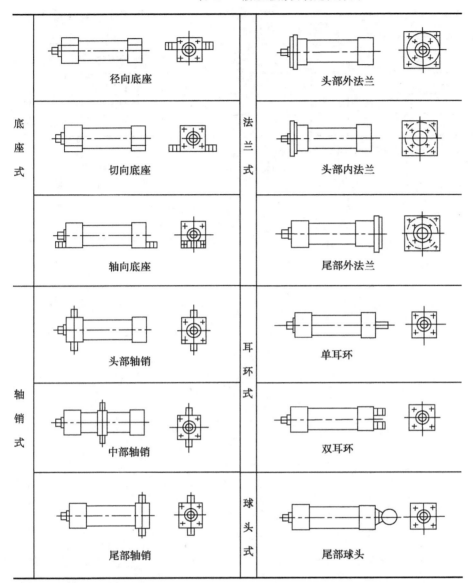

 复习与思考

1. 活塞式、柱塞式、摆动式液压缸各有什么特点？它们分别适用于什么场合？

2. 某一差动液压缸，要求（1）$v_{快进}=v_{快退}$；（2）$v_{快进}=2v_{快退}$，试计算缸内径 D 和活塞杆直径 d 之比分别为多少？

3. 一台单杆活塞双作用液压缸内径 $D=100$ mm，活塞杆直径 $d=70$ mm，进入液压缸的流量 $q=30$ L/min，进油工作压力 $p_1=9$ MPa，回油背压 $p_2=1$ MPa，如图 4.14 所示。试计算在无杆腔进油、有杆腔进油、差动连接三种情况下，液压缸的运动速度大小和方向、最大推力的大小和方向。

4. 有一双活塞杆缸,两侧的杆径不等,当两腔同时通入压力油时,活塞能否运动? 如左右杆径为 d_1、d_2($d_1 > d_2$),且杆固定,当输入压力油为 p、流量为 q 时,则液压缸向哪个方向运动? 它们的速度、推力各为多大?

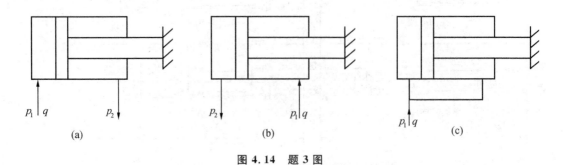

图 4.14　题 3 图

第五章 液压控制阀

第一节 概 述

在液压系统中,液压控制阀用来控制油液的压力、流量和流动方向,从而控制液压执行元件的启动、停止、运动方向、速度、作用力等,满足液压设备对各工况的要求。液压控制阀的种类繁多,功能各异,是组成液压系统的重要元件。液压控制阀简称液压阀。

一、液压阀的分类

液压阀可按下述情况进行分类:

1. 按用途分类

液压阀根据用途可以分为:方向控制阀(如单向阀、换向阀等)、压力控制阀(如溢流阀、减压阀、顺序阀等)、流量控制阀(如节流阀、调速阀等)。这三类阀可以相互组合,成为复合阀,以减少管路连接,使结构紧凑,如单向顺序阀等。

2. 按操纵方式分类

液压阀按操纵方式可以分为:手动式、机动式、电动式、液动式和电液动式等多种。

3. 按控制方式分类

液压阀按控制方式可以分为:定值或开关控制阀、电液比例控制阀、电液伺服控制阀和数字阀。

4. 按连接方式分类

液压阀按连接方式可以分为:管式(螺纹式)连接阀、板式连接阀、叠加式连接阀和插装式连接阀。

二、对液压阀的要求

液压传动系统对液压控制阀的基本要求是:
(1) 动作灵敏,工作可靠,工作时冲击、振动及噪声小。
(2) 油液通过液压阀后的压力损失小,效率要高。
(3) 密封性能好,内泄漏少,额定工作压力下应无外泄漏。
(4) 结构简单紧凑,安装、调试、维护方便,通用性好。
(5) 制造便利,寿命长,价格低。

第二节 方向控制阀

方向控制阀用来控制液压系统中液流的方向。其工作原理是利用阀芯和阀体间相对位置的改变,实现油路与油路间的接通或断开,以满足系统对油流方向的要求。

方向控制阀按阀芯结构可分为锥阀式和滑阀式,按用途可分为单向阀和换向阀两类。

一、单向阀

1. 普通单向阀

普通单向阀(简称单向阀)的作用是仅允许液流沿一个方向通过,而反向液流则截止。要求其正向液流通过时压力损失小,反向截止时密封性能好。

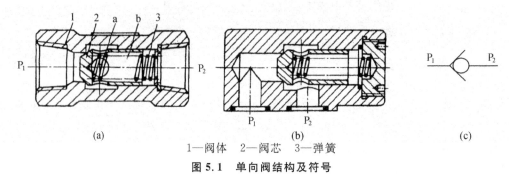

1—阀体 2—阀芯 3—弹簧
图 5.1 单向阀结构及符号

图 5.1 所示的为单向阀的结构。图 5.1(a)为管式连接的单向阀,图 5.1(b)为板式连接的单向阀,图 5.1(c)为单向阀的图形符号。单向阀由阀体、阀芯和弹簧等组成。当压力油从 P_1 口进入单向阀时,油压克服弹簧力的作用推动阀芯右移,使油路接通,油液经 P_1 口、阀芯上的径向孔 a 和轴向孔 b,从 P_2 口流出;当压力油从 P_2 口流入时,油压以及弹簧的弹力将阀芯压紧在阀体 1 上,关闭 P_2 至 P_1 的通道,使油液不能通过。在这里,弹簧力很小,仅起复位作用,因此单向阀的开启压力一般在 0.03~0.05 MPa 左右。

单向阀常被安装在泵的出口,既可防止系统的压力冲击影响泵的正常工作,又可防止当泵不工作时油液倒流。单向阀还被用来分隔油路以防止干扰等。当更换硬弹簧,使单向阀的开启压力达到 0.3~0.6 MPa 时,可作为背压阀使用。

2. 液控单向阀

如图 5.2 所示,液控单向阀比普通单向阀多一控制油口 C,当控制口不通压力油而通油箱时,液控单向阀的作用与普通单向阀一样。当控制油口通压力油 p_c 时,就有一液压力作用在控制活塞的下端,推动控制活塞克服阀芯上端的弹簧力和液压力顶开单向阀阀芯,使阀口开启,油口 P_1 和 P_2 接通,这时,正反向的液流可自由通过。

图 5.2(b)为带有卸荷阀芯的液控单向阀。在阀芯内装了直径较小的卸荷阀芯 3。因卸荷阀芯承压面积小,不需多大推力便可将它先行顶开,P_1 和 P_2 两腔可通过卸荷阀芯圆杆上的小缺口相互沟通,使 P_2 腔逐渐卸压,直至阀芯两端油压平衡,控制活塞便可较容易地将单向阀阀芯顶开。该阀常用于 P_2 腔压力很高的场合。

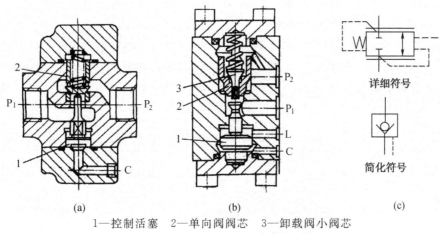

1—控制活塞　2—单向阀阀芯　3—卸载阀小阀芯
图 5.2　液控单向阀结构及符号

液控单向阀根据控制活塞上腔的泄油方式不同分为内泄式[图 5.2(a)]和外泄式[图 5.2(b)]，前者泄油通单向阀进油口 P_1；后者泄油直接引回油箱，以减小 P_1 腔压力对控制油压力 p_c 的影响。

液控单向阀既可以对反向液流起截止作用，而且密封性能好，又可以在一定条件下允许正反向液流自由通过，因此常用于液压系统的保压、锁紧和平衡回路。

二、换向阀

换向阀是利用改变阀芯与阀体的相对位置，控制相应油路接通、切断或变换油液的方向，从而实现对执行元件运动方向的控制。换向阀的阀芯有滑阀式、转阀式和锥阀式等几种，其中以滑阀式应用最多。

1. 换向原理

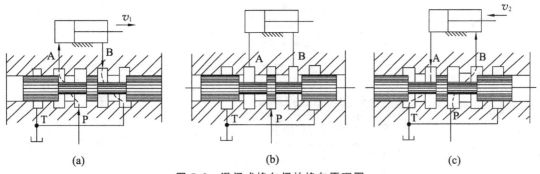

图 5.3　滑阀式换向阀的换向原理图

滑阀式换向阀是利用阀芯在阀体内做轴向滑动来实现换向作用的。图 5.3 所示滑阀阀芯是一个具有多段环形槽的圆柱体（图示阀芯有三个台肩，阀体孔内有五个沉割槽）。每条槽都通过相应的孔道与外部相通，其中 P 口为进油口，T 口为回油口，A 口和 B 口通执行元件的两腔。当阀芯处于图 5.3(b)工作位置时，四个油口互不相通，液压缸两腔不通压力油，处于停机状态。若使换向阀的阀芯右移，如图 5.3(a)所示，阀体上的油口 P 和 A 相通，B 和 T 相通，压力油经 P、A 油口进入液压缸左腔，活塞右移，液压缸右腔油液经 B、T 油口回油箱。反之,若使阀芯左移,如图 5.3(c)所示,则 P 和 B 相通,A 和 T 相通,活塞左移。

2. 换向阀的分类

按阀芯在阀体内的工作位置数和换向阀所控制的油口通路数分,换向阀有二位二通、二位三通、二位四通、二位五通等类型(表 5.1)。不同的位数和通路数是由阀体上的沉割槽和阀芯上台肩的不同组合形成的。将五通阀的两个回油口 T_1 和 T_2 沟通成一个油口 T,便成四通阀。

表 5.1 常用换向阀的结构原理和图形符号

位和通	结构原理图	图形符号
二位二通	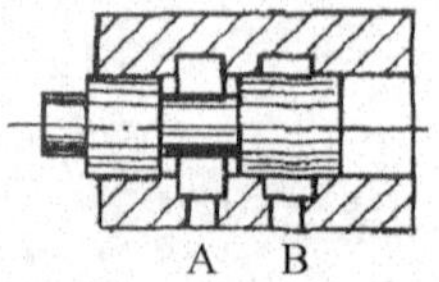	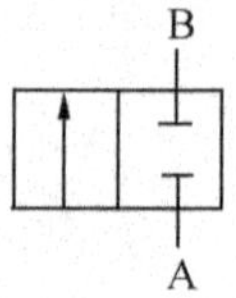
二位三通	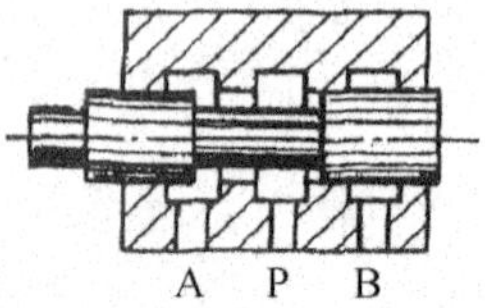	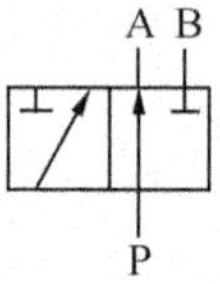
二位四通	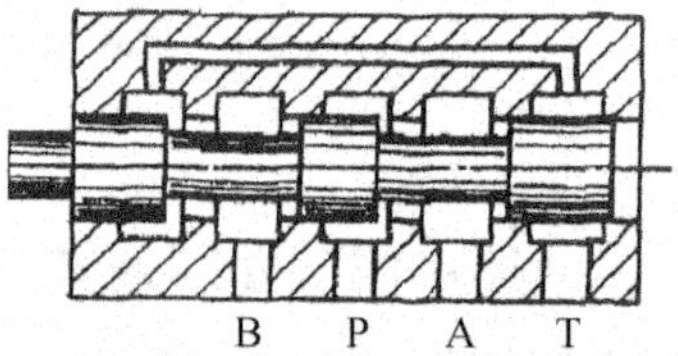	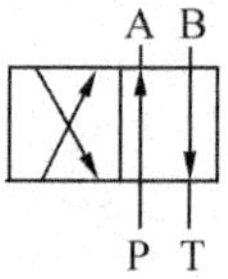
二位五通	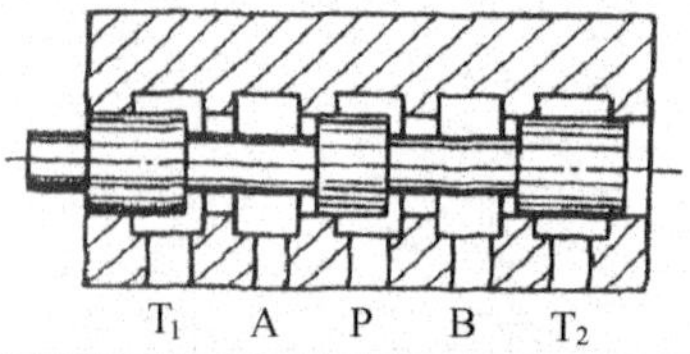	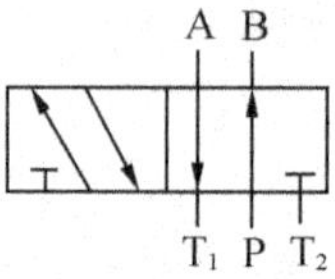
三位四通	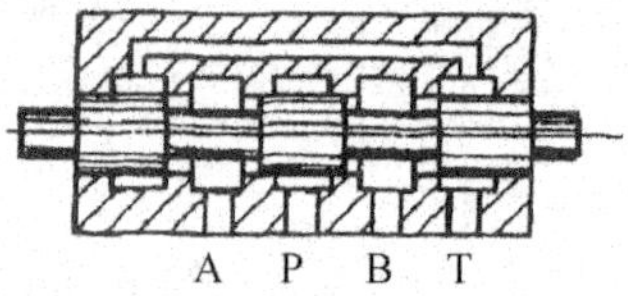	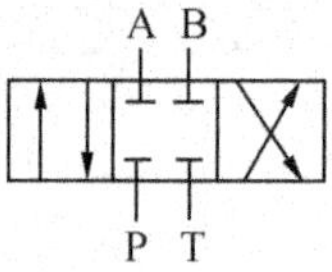
三位五通	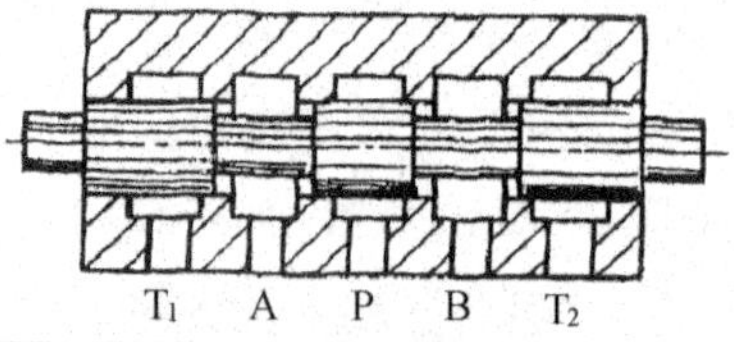	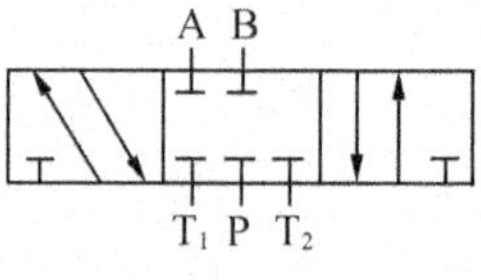

按阀芯换位的控制方式分,换向阀有手动、机动、电动、液动和电液动等类型。

3. 换向阀的结构原理及图形符号

表 5.1 列出了几种常用的滑阀式换向阀的结构原理图以及与之相对应的图形符号,现对换向阀的图形符号作以下说明:

(1) 用方格数表示换向阀的"位",即阀芯在阀体内有几个工作位置,三格即三个工作位置,或者称为三种工作状态。

(2) 在一个方格内,箭头"↑"或堵塞符号"⊥"与方格的相交点数为油口通路数。箭头"↑"表示两油口相通,并不表示实际流向;"⊥"表示该油口不通流。

(3) 每一方框内所表示的内容,表示阀在该工作状态下主油路的连通方式。

(4) P 表示进油口,T 表示通油箱的回油口,A 和 B 表示连接其他两个工作油路的油口。

(5) 控制方式和复位弹簧的符号画在方格的两侧。

(6) 三位阀的中位,二位阀靠有弹簧的那一位为常态位。二位二通阀有常开型和常闭型两种,前者的常态位两油口相通,用代号 H 表示,后者则不通,不标注代号。在液压系统图中,换向阀的符号与油路的连接应画在常态位上。

4. 三位换向阀的中位机能

三位阀常态位时各油口的连通方式称为中位机能。不同机能的阀,阀体通用,仅阀芯台肩结构、尺寸及内部通孔情况有区别。

表 5.2 列出了常见的中位机能的结构原理、机能代号、图形符号及机能特点和作用。

不同中位机能有不同特点。设计液压回路时,若能正确、巧妙地选择中位机能,则可用较少的元件实现回路的所需功能。

除中位机能外,有的系统还对阀芯换向过程中各油口的连通方式,即过渡机能提出了要求。过渡过程虽然只是一瞬间,且不能形成稳定的油口连通状态,但其作用不能忽视。

表 5.2 三位四通换向阀中位机能

机能代号	结构原理图	中位图形符号	机能特点和作用
O			各油口全部封闭,缸两腔封闭,系统不卸荷。液压缸充满油,从静止到启动平稳;制动时运动惯性引起液压冲击较大;换向位置精度高
H			各油口全部连通,系统卸荷,缸成浮动状态。液压缸两腔接油箱,从静止到启动有冲击;制动时油口互通,故制动较 O 型平稳;但换向位置变动大
P			泵源 P 与缸两腔连通,可形成差动回路,回油口封闭。从静止到启动较平稳;制动时缸两腔均通压力油,故制动平稳;换向位置变动比 H 型的小,应用广泛

续表

机能代号	结构原理图	中位图形符号	机能特点和作用
Y	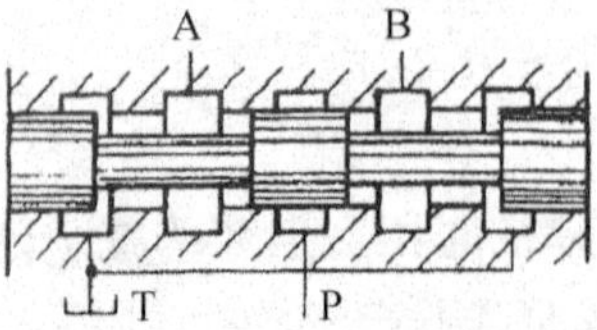	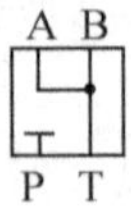 A B / P T	油泵不卸荷,缸两腔通回油,缸成浮动状态。由于缸两腔接油箱,从静止到启动有冲击,制动性能介于O型与H型之间
K	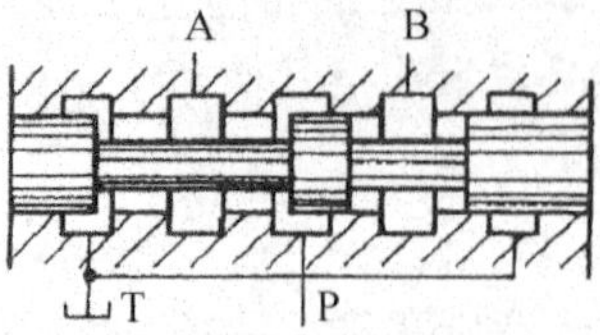	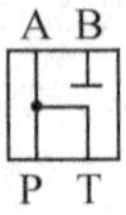 A B / P T	油泵卸荷,液压缸一腔封闭一腔接回油。两个方向换向时性能不同
M	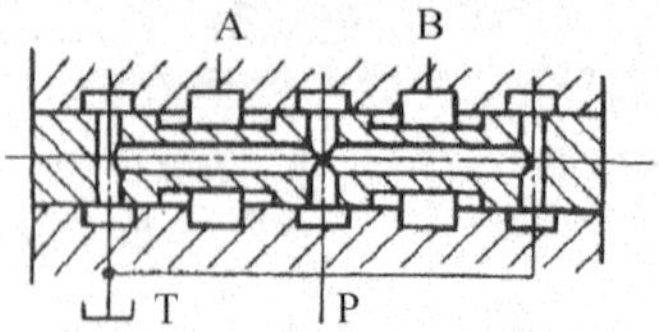	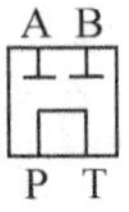 A B / P T	油泵卸荷,缸两腔封闭。从静止到启动较平稳;制动性能与O型相同;可用于油泵卸荷液压缸锁紧的液压回路中
X	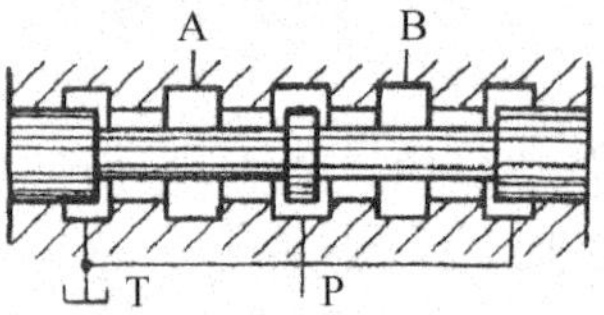	 A B / P T	各油口半开启接通,P口保持一定的压力;换向性能介于O型和H型之间

5. 几种常用换向阀的结构

(1)手动换向阀。

手动换向阀是由操作者直接控制的换向阀。图 5.4(a)为自动定位式三位四通手动换向阀结构及图形符号。松开手柄,在弹簧的作用下,阀芯处于中位,油口 P、A、B、T 全部封闭(图示位置);推动手柄向右,阀芯移至左位,油口 P 与 A 相通,B 口与 T 口经阀芯内的轴向孔相通;推动手柄向左,阀芯移至右位,用同样的分析方法可知,P 口与 B 口、A 口与 T 口分别相通,从而实现换向。该阀适用于动作频繁、工作持续时间短的场合,操作较安全,常应用于工程机械中。

图 5.4(b)是钢球定位式三位四通换向阀定位部分结构原理图。其定位缺口数由阀的工作位置数决定。由于定位机构的作用,当松开手柄后,阀仍保持在所需的工作位置上,它应用于机床、液压机、船舶等需保持工作状态时间较长的情况。

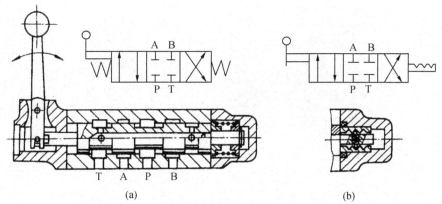

图 5.4 三位四通手动换向阀结构及图形符号

(2) 机动换向阀。

机动换向阀是由行程挡块(或凸轮)推动阀芯实现换向的。图 5.5 是二位三通机动换向阀结构及图形符号。在常态位,P 口与 A 口相通;当固定在机床运动部件上的行程挡块 5 压下机动换向阀滚轮 4 时,阀芯动作,P 口与 B 口相通。图中阀芯 2 上的轴向孔是泄漏通道。机动换向阀通常是弹簧复位式的二位阀。其结构简单,动作可靠,换向位置精度高,改变挡块的迎角或凸轮外形,可使阀芯获得合适的换向速度,减小换向冲击。但该阀要安装在它的操纵件旁,安装位置受限制,油管较长,压力损失较大。机动换向阀常应用于机床液压系统的速度换接回路中。

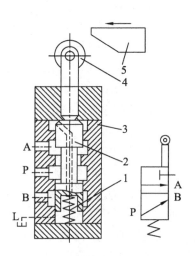

1—弹簧 2—阀芯 3—阀体 4—滚轮 5—行程挡块

图 5.5 二位三通机动换向阀结构及符号

(3) 电磁换向阀。

电磁换向阀也称电磁阀,通电后电磁铁产生的电磁力推动阀芯运动实现油路换向。电磁换向阀控制方便,应用广泛,但由于液压油通过阀芯时所产生的液动力使阀芯移动受到阻碍,加上电磁铁吸合力的限制,因此电磁换向阀只能用于控制较小流量的液压回路。

① 二位二通电磁阀。

图 5.6 是二位二通电磁阀结构图[图(a)]及图形符号图[图(b)]。它由阀芯 1、弹簧 2、阀体 3、推杆 4 和电磁铁 6 等组成。电磁铁未通电,处于常态位,P 口与 A 口不通;当电磁铁 6 通电时,电磁铁的铁心通过推杆 4 克服弹簧 2 的预紧力,推动阀芯 1 向右,使 P 口与 A 口相通。在电磁铁顶部有一手动推杆 7,称之为故障按钮,用它可以检查电磁铁是否动作了,另外在电气发生故障时可临时用手操纵。

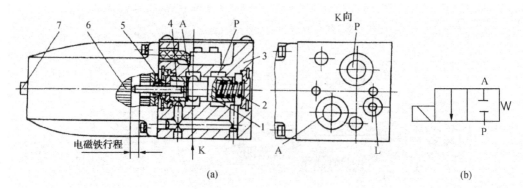

1—阀芯 2—弹簧 3—阀体 4—推杆 5—密封圈 6—电磁铁 7—手动推杆

图 5.6 二位二通电磁阀结构及图形符号

② 三位四通电磁阀。

图 5.7 为三位四通电磁换向阀的结构图及图形符号图。当电磁铁未通电时，阀芯 2 在左右两个对中弹簧 4 的作用下位于中位，油口 P、A、B、T 均不相通；左边电磁铁通电，铁心 9 通过推杆将阀芯推至右端，则 P 与 A 相通，B 与 T 相通；同理，当右侧电磁铁通电时，P 口与 B 口相通、A 口与 T 口相通。因此，通过控制左右电磁铁的通电和断电，就可以控制液流的方向，实现执行元件的换向。

③ 电磁铁。

按使用电源不同，电磁铁可分为交流电磁铁和直流电磁铁两种。图 5.6 是采用交流电磁铁的电磁阀，使用电压为 220 V 或 380 V。图 5.7 是采用直流电磁铁的电磁阀结构及图形符号，它的使用电压为 24 V。交流电磁铁的优点是电源方便，电磁吸力大，换向迅速；缺点是噪声大，启动电流大，在阀芯被卡住时易烧毁电磁铁线圈。直流电磁铁工作可靠，换向冲击小，噪声小，但需要有直流电源。按电磁铁的铁芯能否浸泡在油里，电磁铁可分为干式和湿式两种。干式电磁铁不允许油液进入电磁铁内部，因此推动阀芯的推杆处要有可靠的密封。湿式电磁铁可以浸在油液中工作，所以电磁阀的相对运动件之间就不需要密封装置，这就减小了阀芯的运动阻力，提高了滑阀换向的可靠性。湿式电磁铁性能好，但价格较高。由于电磁阀控制方便，所以在各种液压设备中应用广泛。

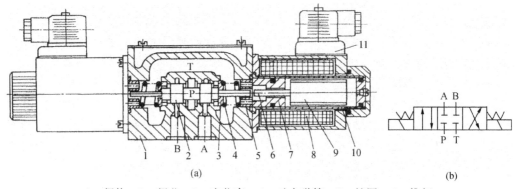

1—阀体 2—阀芯 3—定位套 4—对中弹簧 5—挡圈 6—推杆
7—环 8—线圈 9—铁芯 10—导套 11—插头组件

图 5.7 三位四通电磁阀结构及图形符号

④ 球式电磁换向阀（电磁球阀）。

这是一种以钢球作为阀芯的新型的座阀式电磁换向阀，它以电磁力为动力，推动钢球移动来实现油路的通断和切换。图 5.8 是二位三通（常开）球式电磁换向阀（单球）的结构原理图[图(a)]及图形符号[图(b)]。当电磁铁 8 断电时，P 口的压力油除通过右阀座孔作用在球阀 5 的右边外，还经过阀体上的通道 a 进入推杆 3 的空腔，作用在球阀 5 的左边，以保证球阀 5 两边承受的液压力平衡。这样球阀 5 只受弹簧 7 的弹簧力作用而被压向左阀座 4，使油口 P 和 A 连通，A 和 T 被切断。当电磁铁 8 通电后，通过杠杆 1 和推杆 3 给球阀 5 一个向右的力，该力克服右边弹簧 7，将球阀 5 压向右阀座 6，使油口 P 和 A 断开，A 和 T 连通，实现油路换向。

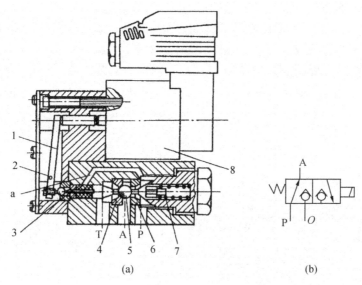

1—杠杆　2—支点　3—推杆　4—左阀座　5—球阀　6—右阀座　7—弹簧　8—电磁铁
图 5.8　SE 型二位三通（常开）球式电磁换向阀（单球）结构原理图及图形符号

与电磁滑阀相比较，电磁球阀具有密封性好（基本无泄漏）、反应速度快、使用压力高（压力可达 63 MPa）和适应能力强等优点。它是一种颇具特色的换向阀。其主要缺点是不像滑阀那样具备多种位、通组合形式和多种中位机能，故目前在使用范围方面还受到限制。现主要用在超高压小流量的液压系统中或作二通插装阀的先导阀。

（4）液动换向阀。

液动换向阀利用系统中控制油路的压力油来推动阀芯动作。由于控制压力可以调节，所以液控换向阀可以用于流量较大的液压回路。

图 5.9 为三位四通液动换向阀的结构图[图(a)]及图形符号[图(b)]。当左右两端控制油口 C_1、C_2 都没有压力油进入时，阀芯在弹簧力的作用下处于图示位置，此时 P、A、B、T 口互不相通。当控制回路的压力油从控制油口 C_1 进入时，阀芯在油压的作用下右移，此时 P 与 A 接通、B 与 T 接通。当控制油压从控制油口 C_2 进入时，阀芯左移，P 与 B 接通，A 与 T 接通。

液动换向阀的优点是结构简单、动作可靠、平稳，由于液压驱动力大，故可用于流量大的液压系统中。

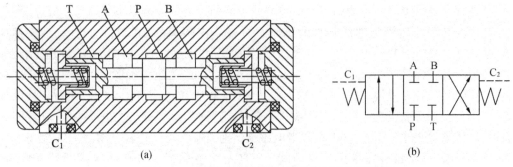

图5.9 三位四通液动换向阀结构图及图形符号

(5) 电液动换向阀。

电液动换向阀由电磁换向阀和液动换向阀组合而成。其中：液动换向阀实现主油路的换向，称为主阀；电磁换向阀改变液动换向阀的阀芯位置，称为先导阀。

图5.10为电液动换向阀的结构图[图(a)]、图形符号图[图(b)]和简化的图形符号图[图(c)]，电磁阀是先导阀，液动阀是主阀。其工作原理是：当先导阀的电磁铁1YA和2YA都断电时，电磁阀处于中位，控制油口P关闭，主阀芯两侧均不通压力油，在弹簧的作用下处于中位，各油口均关闭。

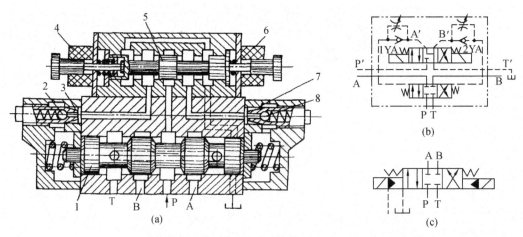

1—液动阀（主阀）阀芯　2、8—单向阀　3、7—节流阀
4、6—电磁铁　5—电磁阀（先导阀）阀芯

图5.10 电液动换向阀

1YA通电，电磁阀处于左位，控制压力油经 P′→A′→单向阀→主阀芯左端油腔，而回油经主阀芯右端油腔→节流阀→B′→T′→油箱。于是主阀换向于左位，实现P与A相通、B与T相通；同理，当2YA通电、1YA断电时，则P与B相通，A与T相通。这样，从总体上看，控制液动阀（即主阀）的就是电磁铁1YA和2YA了。

电动先导阀的中位机能为Y型。这样，在先导阀不通电时，能使主阀可靠地停在中位。阀体内的节流阀可以调节主阀芯的运动速度，使其在灵敏与平稳之间获得调整。控制油可以和主油路来自同一液压泵，也可以另用独立的油源。

电液动换向阀综合了电磁阀和液动阀的优点，具有控制方便、流量大的特点。

第三节　压力控制阀

在液压系统中，控制液体压力的阀统称为压力控制阀。其共同特点是，利用作用于阀芯上的液体压力和弹簧力相平衡的原理进行工作。常用的压力控制阀有溢流阀、减压阀、顺序阀和压力继电器等。

一、溢流阀

溢流阀有多种用途，主要是在溢流的同时使液压泵的供油压力得到调整并保持基本恒定。溢流阀按其工作原理分为直动式溢流阀和先导式溢流阀两种。

1. 典型结构和工作原理

（1）直动式溢流阀。

直动式溢流阀是依靠系统中的压力油直接作用在阀芯上与弹簧力等相平衡，以控制阀芯的启闭动作。图5.11所示是一种低压直动式溢流阀的结构图及图形符号，P是进油口，T是回油口，进口压力油经阀芯3中间的阻尼孔a作用在阀芯的底部端面上，当进油压力较小时，阀芯在弹簧2的作用下处于下端位置，将P和T两油口隔开。当进油压力升高，在阀芯下端所产生的作用力超过弹簧的压紧力F_s时，阀芯上升，阀口被打开，将多余的油液排回油箱，阀芯上的阻尼孔a用来对阀芯的动作产生阻尼，以提高阀的工作平稳性，调整螺帽1可以改变弹簧的压紧力，这样也就调节了溢流阀进口处的油液压力p。

当溢流阀稳定工作时，若忽略液动力、阀芯的自重及阀芯移动时的摩擦力，则作用在阀芯上的油液压力与弹簧的压紧力F_s是平衡的，它们可以用下式表示：

$$pA = F_s \qquad (5\text{-}1)$$

式中，p为进油口压力；A为阀芯承受油液压力的面积。

由式（5-1）可以看出，溢流阀是利用被控压力作为信号来改变弹簧的压缩量，从而改变阀口的通流面积和系统的溢流量来达到定压目的的。当系统压力升高时，阀芯上升，阀口通流面积增大，溢流量增大，进而使系统压力下降。溢流阀内部通过阀芯的平衡和运动构成的这种负反馈作用是其定压的基本原理。由式（5-1）可知，弹簧力的大小与控制压力成正比，因此如要提高被控压力一方面可用减小阀芯的面积来达到；另一方面则需增大弹簧力，因受结构限制，需采用大刚度的弹簧。这样，在阀芯相同位移的情况下，弹簧力变化较大，因而该阀的定压精度就低。所以，这种低压直动式溢流阀一般用于压力小于2.5 MPa的小流量场合。从图5.11(a)中还可看

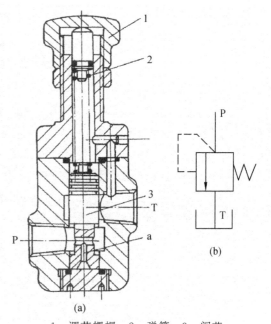

1—调节螺帽　2—弹簧　3—阀芯

图5.11　直动式溢流阀的结构图及图形符号

出,在常位状态下,溢流阀进、出油口之间是不相通的,而且作用在阀芯上的液压力是由进口油液压力产生的,经溢流阀阀芯的泄漏油液经内泄漏通道进入回油口 T。图 5.11(b)为直动式溢流阀的图形符号。

直动式溢流阀采取适当的措施也可用于高压大流量。例如,德国 Rexroth(力士乐)公司开发的通径为 6~20 mm、压力为 40~63 MPa,通径为 25~30 mm、压力为 31.5 MPa 的 DBD 型直动式溢流阀,最大流量可达到 330 L/min,其中较为典型的锥阀式结构如图 5.12(a)所示。图 5.12(b)为这种锥阀式结构的局部放大图,在锥阀的下部有一阻尼活塞 3,活塞的侧面铣扁,以便将压力油引到活塞底部,该活塞除了能增大运动阻尼以提高阀的工作稳定性外,还可以对锥阀进行导向而使其开启后不会倾斜。此外,锥阀上部有一个偏流盘 1,盘上的环形槽用来改变液流方向,一方面以补偿锥阀 2 的液动力;另一方面由于液流方向的改变,产生一个与弹簧力相反方向的射流力,当通过溢流阀的流量增加时,虽然因锥阀阀口增大引起弹簧力增大,但由于与弹簧力方向相反的射流力同时增大,结果抵消了弹簧力的增量,有利于提高阀的额定流量和工作压力。

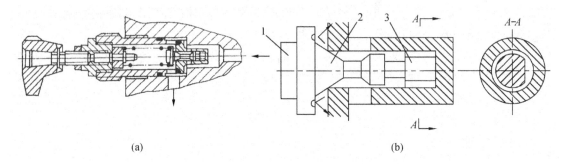

1—偏流盘　2—锥阀　3—阻尼活塞
图 5.12　DBD 型直动式锥形溢流阀结构原理图

(2) 先导式溢流阀。

先导式溢流阀由主阀和先导阀两部分组成。先导阀的结构和工作原理与直动式溢流阀相同,是一个小规格锥阀,先导阀内的弹簧用来调定主阀的溢流压力。主阀控制溢流量,主阀弹簧不起调压作用,仅用于克服摩擦力使主阀芯及时复位,该弹簧又称稳压弹簧。

图 5.13 为常见的先导式溢流阀的结构图和图形符号。下部是主阀,上部是先导调压阀。

当系统压力油从进油口进入主阀芯下腔时,压力油经主阀芯大直径圆柱上的阻尼孔 5 进入主阀芯上腔,再经过通道进入先导阀右腔,作用在先导阀芯 1 右端。由于先导阀关闭,此时主阀芯上腔与下腔间压力相等。

当系统压力低于先导阀的调定压力时,先导阀芯闭合,主阀芯在弹簧 8 的作用下紧压在阀座 7 上将溢流口封闭。当系统压力升高、压力油在先导阀芯 1 上的作用力大于先导阀的调定压力时,先导阀被打开,主阀上腔的压力油经先导阀开口、主阀芯的中心孔到出油口而流回油箱。这时由于主阀芯上阻尼孔 5 的作用而产生了压力降,使主阀芯上部的压力 p_1 小于下部的压力 p。当此压力差对阀芯所形成的作用力超过弹簧力 F_s 时,阀芯被抬起,进油腔和回油腔相通,实现了溢流作用。调压手轮 11 可调节调压弹簧 9 的压紧力,从而调定了液压系统的压力。

当溢流阀起溢流定压作用时,作用于阀芯上的力(不计摩擦阻力)的平衡方程为

$$pA = p_1 A_1 + F_s \approx p_1 A + K(x_0 + \Delta x) \tag{5-2}$$

或

$$p = p_1 + \frac{F_s}{A} = p_1 + \frac{K(x_0 + \Delta x)}{A} \tag{5-3}$$

式中，p 为进油腔压力；p_1 为主阀芯上部的压力；A、A_1 为主阀芯下腔、上腔的有效作用面积，两者基本相等（比例为 $1:1.04$）；F_s 为主阀芯稳压弹簧 8 的作用力；K 为主阀芯稳压弹簧的刚度；x_0 为弹簧的预压缩量；Δx 为弹簧的附加压缩量。

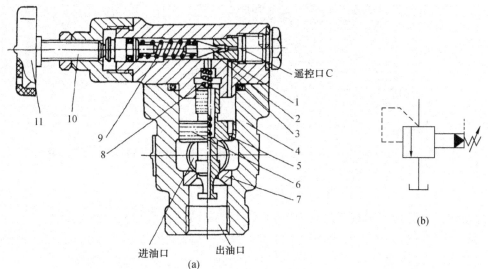

1—先导锥阀　2—先导阀座　3—阀盖　4—阀体　5—阻尼孔　6—主阀芯　7—主阀座
8—主阀稳压弹簧　9—调压弹簧（先导阀弹簧）　10—调节螺钉　11—调压手轮

图 5.13　YF 型先导式溢流阀的结构图及图形符号

从式(5-3)可见，由于上腔存在压力 p_1，所以稳压弹簧 8 的刚度可以较小，F_s 的变化也较小，p_1 基本上是定值。先导式溢流阀在溢流量变化较大时，阀口可以上下波动，但进口处的压力 p 变化则较小，这就克服了直动式溢流阀的缺点。同时，先导阀的阀孔一般做得较小，调压弹簧 9 的刚度也不大，因此调压比较轻便。这种阀振动小、噪声低、压力稳定，但要先导阀和主阀都动作以后才能起控制压力的作用，因此不如直动式溢流阀响应快。先导式溢流阀适用于中、高压系统。YF 型先导式溢流阀的最大调整压力为 31.5 MPa。

若将遥控口 C 接上调压阀，即可改变主阀阀芯上腔压力 p_1 的大小，从而实现远程调压；当 C 口与油箱接通时，可实现系统卸荷。

图 5.14 所示为目前常用的 DB 型先导式溢流阀。当先导式溢流阀的进口接压力油时，压力油除直接作用在主阀芯 1 的下端外，还经过阻尼孔 2、4 和 3 作用在主阀芯 1 的上端和先导阀芯 7 的前端，对先导阀芯形成一个液压力。若液压力小于先导阀芯另一端的弹簧作用力，先导阀关闭，主阀内腔的油液处于静止状态，主阀芯上下压力相等，在稳压弹簧的作用下处于最下端位置，主阀阀口关闭。随着进口压力增大，作用在先导阀芯上的液压力随之增大，当该液压力大于弹簧力时，先导阀口开启，油液经主阀芯内的阻尼孔、先导阀开口和回油口 T 流回油箱。这时由于阻尼孔的作用而产生了压力降，使主阀芯上部的油压 p_1 小于下部的油压 p。当压力差 $p - p_1$ 形成的向上液压力大于主阀弹簧力时，主阀芯上移，阀口开启，溢流阀进口压力油经过主阀阀口流回油箱。通过调节螺栓来调节调压弹簧 8 的压紧力，从而调定了主阀的溢流压力。

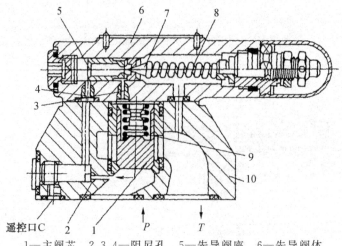

1—主阀芯　2、3、4—阻尼孔　5—先导阀座　6—先导阀体
7—先导阀芯　8—调压弹簧　9—主阀弹簧　10—阀体

图 5.14　DB 型先导式溢流阀

主阀芯的开启利用了阀芯两端压力差，该压力差即液流流经阻尼孔的压力损失。由于流经阻尼孔的流量很小，为了形成足够开启阀芯的压力差，阻尼孔一般为细长小孔，因此工作时易堵塞，而一旦堵塞则导致主阀口常开，使溢流阀无法调压。为此，如图 5.14 所示，溢流阀将阻尼孔改在阀体上，由两个孔径稍大，长度稍短的阻尼孔 2、4 串联替代，这不仅使堵塞现象减少，而且阻尼螺塞易于更换调整。

2．其他溢流阀

（1）电磁溢流阀。

电磁溢流阀是由溢流阀和串联在该阀外控口的电磁换向阀所构成的组合阀，其中电磁阀可以是二位二通、二位四通和三位四通阀，并具有不同机能，由此形成了电磁溢流阀的多种结构与功能。图 5.15 所示电磁溢流阀可以用于泵的卸荷。当电磁阀得电后，溢流阀控制口 C 被接至油箱，主阀卸荷。

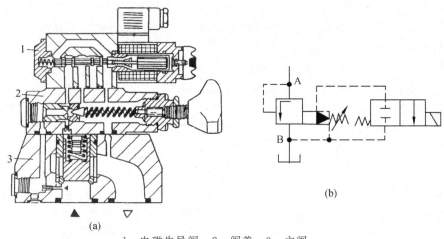

1—电磁先导阀　2—阀盖　3—主阀

图 5.15　DBW 型电磁溢流阀结构图及图形符号

(2) 卸荷溢流阀。

卸荷溢流阀是溢流阀和单向阀的组合阀,其结构图及图形符号见图 5.16。它常用于使泵卸荷。将 P 口接液压泵,A 口接系统,当 A 口的压力低于图中溢流阀的调定压力时,溢流阀关闭,液压泵向系统供油;当 A 口的压力达到溢流阀的调定压力时,通过控制油路使溢流阀的阀口打开,泵卸荷;同时系统保持压力。图中单向阀的作用是隔开高、低压油路。

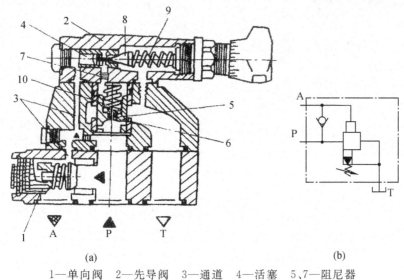

1—单向阀　2—先导阀　3—通道　4—活塞　5、7—阻尼器
6—主阀芯　8—锥阀　9—调压弹簧　10—主阀稳压弹簧

图 5.16　DA 型卸荷溢流阀结构图及图形符号

3. 溢流阀的主要性能

(1) 压力-流量特性。

压力-流量特性又称溢流特性,它表征溢流量变化时溢流阀进口压力的变化,即稳压性能。如图 5.17 所示,在溢流阀调压弹簧的预压缩量调定之后,溢流阀的开启压力 p_k 即已确定,阀口开启后溢流阀的进口压力随溢流量的增加而略有升高,流量为额定值 q_n 时的压力 p_s 最高,随着流量减小,阀口则反向趋于关闭,阀的进口压力降低,阀口关闭时的压力为 p_k'。因摩擦力的方向不同,$p_k' < p_k$。阀的压力-流量特性的优劣用调压偏差 $p_k - p_k'$、开启压力比 $n_k = \dfrac{p_k}{p_s}$ 或闭合压力比 $n_k' = \dfrac{p_k'}{p_s}$ 来评价。显然调压偏差越小,开启

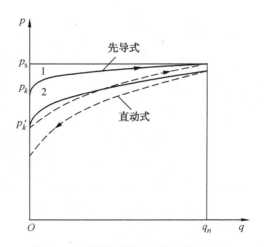

图 5.17　溢流阀的压力-流量特性曲线

比、闭合比越大,阀的性能越好。先导式溢流阀的稳压性能比直动式溢流阀好,一般它的开启比不小于 90%,闭合比不小于 85%。图 5.17 中,1 为开启曲线,2 为闭合曲线。

(2) 卸荷压力。

把溢流阀的卸荷口与油箱相通,阀口开度最大,液压泵卸荷。这时溢流阀进油口与回油口间的压力差称为卸荷压力。一般溢流阀的卸荷压力不大于 0.2 MPa。

(3) 压力超调量 Δp。

溢流阀在升压过程中,溢流量由零至额定流量过程中进口压力的变化情况如图 5.18 所示。在升压过程中,当系统压力升高到调整压力 p_y 时,阀门来不及打开,因此压力继续升高;当压力超过调定压力后,阀门才打开,溢流开始,接着压力下降,如此不断反复,在经过一段时间的振荡后,才稳定在调定压力上。系统油液压力高于调整压力的现象,称为压力超调现象。造成压力超调的原因,主要是溢流阀工作时动作迟缓。因此,压力超调量 Δp 越小,说明阀的动作灵敏度愈高。

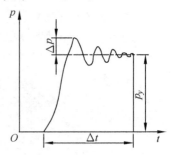

图 5.18　溢流阀的升压、稳压过程

4. 溢流阀的应用

(1) 使系统压力保持恒定。

如图 5.19(a)所示,在采用定量泵节流调速的液压系统中,调节节流阀的开口大小可调节进入执行元件的流量,而泵多余的油液则从溢流阀溢回油箱。在工作过程中阀是常开的,液压泵的工作压力取决于溢流阀的调定压力且基本保持恒定。

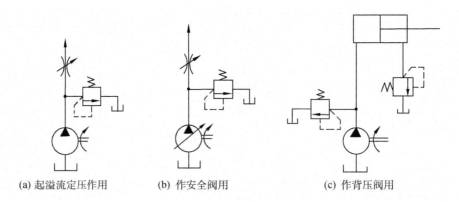

(a) 起溢流定压作用　　(b) 作安全阀用　　(c) 作背压阀用

图 5.19　溢流阀的应用

(2) 防止系统过载。

图 5.19(b)所示为变量泵的液压系统,用溢流阀限制系统压力不超过最大允许值,以防止系统过载。在正常情况下,阀口关闭。当系统超载时,系统压力达到溢流阀的调定压力,阀口打开,压力油经阀返回油箱。此处溢流阀称为安全阀。

(3) 作背压阀用。

图 5.19(c)所示的液压系统中,将溢流阀串联在回油路上,可以产生背压,使运动部件运动平稳。此时宜选用直动式低压溢流阀。

(4) 作卸荷阀用。

用换向阀将溢流阀的遥控口(卸荷口)和油箱连接,可使油路卸荷(相当于电磁溢流阀)。

二、顺序阀

1. 结构及工作原理

顺序阀是以压力为控制信号，自动接通或断开某一支路的液压阀。由于顺序阀可以控制执行元件顺序动作，由此称之为顺序阀。

顺序阀按其控制方式不同，可分为内控式顺序阀和外控式顺序阀。内控式顺序阀直接利用阀的进口压力控制阀的启闭，一般称之为顺序阀；外控式顺序阀利用外来的压力油控制阀的启闭，也称为液控顺序阀。按顺序阀的结构不同，又可分为直动式顺序阀和先导式顺序阀。

图 5.20 为先导式顺序阀的结构原理图及图形符号。该阀由主阀与先导阀组成。压力油从进油口 P_1 进入，经通道 a 进入先导阀下端，经阻尼孔和先导阀后由外泄漏口 L 流回油箱。当系统压力不高时，先导阀关闭，主阀芯两端压力相等，复位弹簧将阀芯推向下端，顺序阀关闭；当压力达到调定值时，先导阀打开，压力油经过阻尼孔时产生压力损失，在主阀芯两端形成压力差，此压力差大于弹簧力，使主阀芯抬起，顺序阀打开。调整弹簧的预压缩量，即能调节打开顺序阀所需的压力。

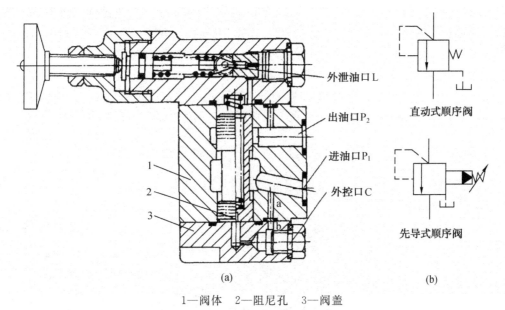

1—阀体　2—阻尼孔　3—阀盖

图 5.20　先导式顺序阀结构原理图及图形符号

由以上分析可以知道，顺序阀在结构和工作原理上与溢流阀很相似，但在性能和功能上存在很大区别：溢流阀有自动恒压调节作用，其出口接油箱，而顺序阀只有开启和关闭两种状态，其出口接下一级液压元件；溢流阀采取内泄漏，顺序阀一般为外泄漏；溢流阀打开时阀处于半打开状态，主阀芯开口处节流作用强，顺序阀打开时阀芯处于全打开状态，主通道节流作用弱，其出口油路的压力由负载决定。

2. 顺序阀的应用

顺序阀常用于实现执行元件的顺序动作，其中内控式顺序阀用在系统中作平衡阀或背压阀，串联在垂直运动的执行元件上，用于平衡执行元件以及所带运动部件的重力；外控式顺序阀一般用作卸荷阀。先导式顺序阀也可与单向阀组成单向顺序阀。

三、减压阀

1. 结构及工作原理

减压阀是一种利用液流流过缝隙产生压降的原理,使出口压力低于进口压力的压力控制阀。它分为定值减压阀(又称定压减压阀)、定差减压阀和定比减压阀。定差减压阀能保持阀的进、出油口压力之间有近似恒定的差值;定比减压阀能使阀的进、出油口压力之间保持近似恒定的比值。这两种阀一般不单独使用,与其他功能的阀组合形成相应的组合阀。这里只介绍定值减压阀。

定值减压阀简称减压阀,能使其出油口压力低于进油口压力,并能保持出油口压力近似恒定。减压阀也分为直动式和先导式,其中先导式减压阀应用较广。图5.21是一种常用的先导式减压阀结构原理图[图5.21(a)]和图形符号[图5.21(b)所示为直动式图形符号;图5.21(c)为先导式图形符号]。它也由先导阀和主阀两部分组成,由先导阀调压,主阀减压。压力为 p_1 的压力油从进油口流入,经节流口减压后压力降为 p_2 并从出油口流出。出油口油液通过小孔流入阀芯底部,并通过阻尼孔9流入阀芯上腔,作用在调压锥阀3上。当出油口压力小于调压锥阀的调定压力时,锥阀3关闭。由于阻尼孔中没有油液流动,所以主阀芯上、下两端的油压相等。这时主阀芯在主阀弹簧作用下处于最下端位置,减压口全部打开,减压阀不起减压作用。当出油口的压力超过调压弹簧的调定压力时,锥阀被打开,出油口的油液经阻尼孔到主阀芯上腔的先导阀阀口,再经泄油口流回油箱。因阻尼孔的降压作用,主阀上腔压力 $p_3 < p_2$,主阀芯在上下两端压力差的作用下,克服上端弹簧力向上移动,主阀阀口(减压口)减小,节流作用增大,使出油口压力 p_2 低于进油口压力 p_1,并保持在调定值上。调节调压弹簧的预紧力即可调节阀的出油口压力。

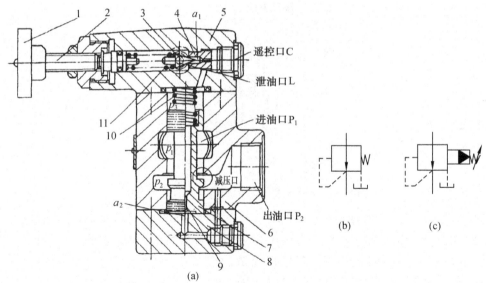

1—调压手轮 2—调节螺钉 3—锥阀 4—锥阀座 5—阀盖 6—阀体
7—主阀芯 8—端盖 9—阻尼孔 10—主阀弹簧 11—调压弹簧

图 5.21 先导减压阀结构原理图及图形符号

图5.22为另一种常用的先导式减压阀结构原理图。其工作原理与图5.21所示的减压阀相同。该阀还带有一个单向阀,若要求油液能反向流动时可选用此阀。

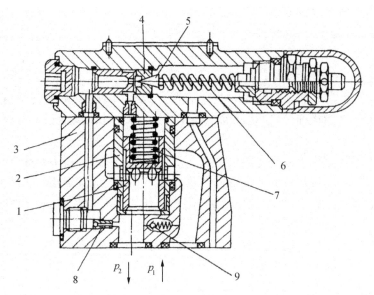

1—主阀芯 2—阀套 3—阀体 4—导阀座 5—锥阀
6—调压弹簧 7—主阀弹簧 8—阻尼孔 9—单向阀
图 5.22 DR 型插装阀式减压阀结构原理图

图 5.23 为 DR6DP 型直动式三通减压阀结构原理图。在减压侧具有溢流功能,确保二次压力稳定。它用于回路减压,由调压元件 4 设定压力。在静态位置,阀口常开,油液可自由地从油口 P 流向油口 A。油口 A 的压力经控制油孔 6 还作用于阀芯 2 的端面。当油口 A 的压力达到弹簧 3 设定的压力值时,阀芯 2 移至控制位置,阀口减小,节流作用增大,油口 A 压力保持恒定。如果油口 A 的压力由于外力作用继续升高,阀芯 2 继续向左压缩弹簧 3。这就导致油路经阀芯 2 的台肩 8 通油箱,多余的油液流回油箱,以防止压力进一步升高并保持恒定,此功能相当于溢流阀,因此三通减压阀又称溢流减压阀。可选的单向阀 5 允许从油口 A 至油口 P 反向流动。弹簧腔的泄漏油经油口 T(Y) 由外部排油口流回油箱。接口 1 接压力表,对经过减压的压力进行监测。

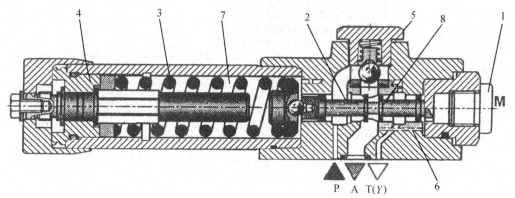

1—压力表接口 2—阀芯 3—调压弹簧 4—调压机构
5—单向阀 6—控制油孔 7—弹簧腔 8—阀芯台肩
图 5.23 DR6DP 型直动式三通减压阀结构原理图

比较减压阀和溢流阀可知,两者的结构相似,调节原理也相似,其主要差别在于:

(1) 减压阀为出口压力控制,保证出口压力为定值;溢流阀为进口压力控制,保证进口压力恒定。

(2) 常态时减压阀阀口常开,溢流阀阀口常闭。

(3) 减压阀串联在系统中,其出口油液通执行元件,因此泄漏油需单独引回油箱(外泄);溢流阀的出口直接接油箱,它是并联在系统中的,因此其泄漏油引至出口(内泄)。

2. 减压阀的应用

减压阀常用于降低系统某一支路的油液压力,使该支油路的压力稳定且低于系统的调定压力,如夹紧油路、润滑油路和控制油路。必须说明的是,减压阀出口压力还与出口的负载有关,若因负载建立的压力低于调定压力,则出口压力由负载决定,此时减压阀不起减压作用。

与溢流阀相同的是,减压阀亦可以在先导阀的遥控口接远程调压阀实现远程控制或多级调压。

四、压力继电器

压力继电器是液压系统中将压力信号转换为电信号的转换装置。

压力继电器分为柱塞式与薄膜式。图 5.24 为 HED4 型柱塞式压力继电器的结构原理图[图(a)]及图形符号[图(b)]。压力油作用在柱塞 2 上,柱塞 2 顶在弹簧座 6 上。当油压升到弹簧 3 的调定值时,压力油推动柱塞 2、弹簧座 6 克服弹簧力移动,并通过弹簧座 6 将移动传递到微动开关 5 上,使其触点闭合或断开,发出电信号。调节件 4 可调节弹簧 3 的预紧力,即可调节发出电信号时的油压值。

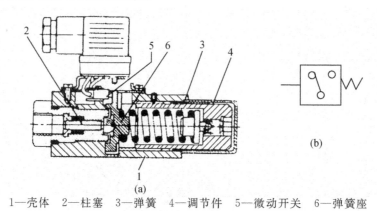

1—壳体　2—柱塞　3—弹簧　4—调节件　5—微动开关　6—弹簧座

图 5.24　HED4 型柱塞式压力继电器的结构原理图及图形符号

第四节　流量控制阀

流量控制阀是靠改变控制口的大小来调节流量,达到改变执行元件运动速度的目的。常见的流量控制阀有节流阀、调速阀、溢流节流阀等。

一、节流特性

1. 流量特性

节流阀的流量特性取决于节流口的结构形式,可用小孔流量公式 $q=KA\Delta p^m$ 来描述。由小孔流量公式可知,当系数 K、压力差 Δp 和指数 m 一定时,只要改变节流口面积 A,就可调节通过阀口的流量。

2. 流量稳定性

在系统中,当节流阀的通流截面面积调定后,要求流量 q 能保持稳定不变,以使执行元件获得稳定的速度。实际上,当通流截面面积调定以后,还有其他因素影响流量的稳定性。

(1) 压差对流量的影响。

由 $q=KA\Delta p^m$ 可知,当外负载变化时,Δp 将发生变化,使通过节流口的流量发生变化。m 值越大,对流量变化的影响越大,因此阀口制成薄壁孔($m=0.5$)比制成细长孔($m=1$)好。

(2) 温度对流量的影响。

温度变化时,油液的黏度要发生改变。黏度的变化对细长孔的流量影响较大。薄壁小孔的流量不受黏度影响,故精密节流阀大都采用薄壁小孔。

(3) 节流口形状对流量的影响。

通过阀的最小稳定流量是衡量流量阀性能的一个重要指标,该值愈小,表示该阀稳定性愈好。阀的最小稳定流量与节流口的水力半径有关,水力半径越大,最小稳定流量越小。从节流口的形状看,圆形好于三角形,矩形好于缝隙,但方形和三角形节流口便于连续而均匀地调节其开口量,所以在流量控制阀上应用较多。

二、节流阀

1. 节流阀的典型结构与工作原理

图 5.25 为一种典型的节流阀结构图[图(a)]、图形符号[图(b)]和阀口结构[图(c)]。油液从进油口 P_1 进入,经阀芯上的三角槽节流口,从出油口 P_2 流出。转动手柄可使阀芯做轴向移动,从而改变节流口的通流面积,这样就调节了流量的大小。节流阀结构简单,制造容易,体积小,但负载和温度的变化对流量的稳定性影响较大,因此只适用于负载和温度变化不大,或速度稳定性要求较低的液压系统。

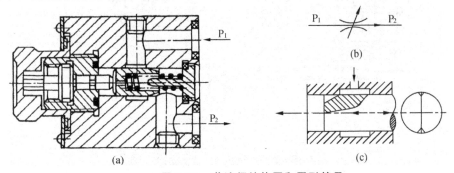

图 5.25 节流阀结构图和图形符号

2. 单向节流阀

图 5.26 为单向节流阀的结构图[图(a)]及图形符号[图(b)]。当压力油从 P_1 口流入时，压力油经阀芯 2 上的轴向三角槽的节流口，从 P_2 口流出。此时调节螺母 5，可调节顶杆 4 的轴向位置，弹簧 1 推动阀芯 2 随之轴向移动，节流口的通流面积得到了改变。当压力油从 P_2 口流入时，压力油推动阀芯 2 压缩弹簧 1，从 P_1 口流出。此时节流口没有起节流作用，油路畅通。

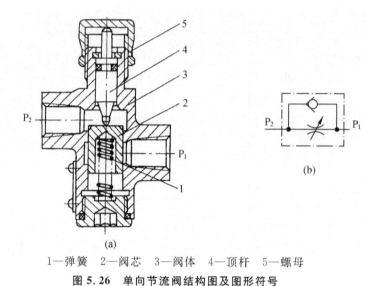

1—弹簧　2—阀芯　3—阀体　4—顶杆　5—螺母

图 5.26　单向节流阀结构图及图形符号

三、调速阀

调速阀是由定差减压阀与节流阀串联而成的。定差减压阀能使节流阀阀口前、后的压力差自动保持不变，从而使通过节流阀的流量不受负载变化的影响。

图 5.27 为调速阀的工作原理图及图形符号。图中 1 为定差减压阀阀芯，2 为节流阀

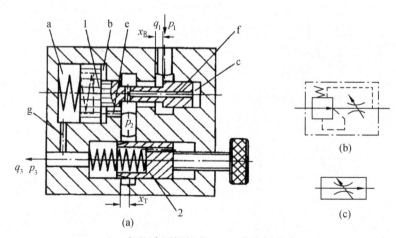

1—定差减压阀阀芯　2—节流阀阀芯

图 5.27　调速阀工作原理图及图形符号

阀芯。压力为 p_1 的油液流经减压阀节流口 x_R 后,压力降为 p_2,然后经节流阀节流口流出,其压力降为 p_3。进入节流阀前的压力为 p_2 的油液,经通道 e 和 f 进入定差减压阀的 b 和 c 腔;而流经节流口压力为 p_3 的油液,经通道 g 被引入减压阀 a 腔。这时减压阀的阀芯在弹簧作用力 F_s、液压力 p_2 和 p_3 的共同作用下处于平衡位置(忽略摩擦力和液动力),调速阀处于工作状态。此时:

$$F_s + p_3 \cdot A = p_2 \cdot A_1 + p_2 \cdot A_2 \tag{5-4}$$

A、A_1、A_2 分别是 a 腔、b 腔和 c 腔油液的有效作用面积,且 $A = A_1 + A_2$,故

$$p_2 - p_3 = \Delta p = \frac{F_s}{A} \tag{5-5}$$

因为弹簧刚度较低,且减压阀阀芯位移很小,可以认为 F_s 基本不变,故 Δp 也基本不变,这就保证了通过节流阀的流量稳定。

若调速阀出口压力 p_3 因负载增大而增大时,作用在减压阀芯左端的压力增大,阀芯失去平衡向右移动,减压阀开口 x_R 增大,减压作用减小,p_2 增大,结果节流阀口两端压力差 $\Delta p = p_2 - p_3$ 基本保持不变。同理,当 p_3 减小时,减压阀芯左移,p_2 也减小,节流阀节流口两端压力差同样基本不变。这样,通过节流口的流量基本不会因负载的变化而改变。图 5.27(b)、(c)为调速阀的图形符号(后者为简化符号)。

调速阀与节流阀的特性比较如图 5.28 所示。从图中可看出,节流阀的流量随压力差的变化较大,而调速阀在进、出口压力差 Δp 大于一定数值(Δp_{min})后,流量基本保持恒定。调速阀在压力差小于 Δp_{min} 区域内,压力差不足以克服定差减压阀阀芯上的弹簧力,减压口全开,减压阀不起减压作用,此时其流量特性与节流阀相同。因此,要使调速阀正常工作,就必须保证有一个最小压力差(中低压调速阀为 0.5 MPa,高压调速阀为 1 MPa)。

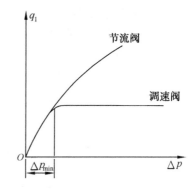

图 5.28 调速阀和节流阀压力-流量特性曲线比较

四、溢流节流阀

溢流节流阀由压差式溢流阀和节流阀并联而成。它也能保持节流阀前、后压力差基本不变,从而使通过节流阀的流量基本不受负载变化的影响。图 5.29(a)是溢流节流阀的工作原理图,其中 3 为差压式溢流阀阀芯,4 为节流阀阀芯。液压泵输出的油液压力为 p_1,进入阀后,一部分油液经节流阀进入执行元件(压力为 p_2);另一部分油液经溢流阀的溢流口流回油箱。节流阀进口的压力即为泵的供油压力 p_1,而节流阀出口的压力 p_2 决定于负载,两端的压力差 $\Delta p = p_1 - p_2$。溢流阀的 b 腔和 c 腔与节流阀进口相通。当执行元件在某一负载下工作时,溢流阀阀芯处于某一平衡位置,溢流阀开口为 h。若负载增大,p_2 增大,a 腔的压力也相应增大,则阀芯 3 向下移动,溢流口开度 h 减小,溢流阻力增大,泵的供油压力 p_1 也随着增大,从而使节流阀两端压力差 $\Delta p = p_1 - p_2$ 基本保持不变。如果负载减小,p_2 减小,溢流阀的自动调节作用将使 p_1 也减小,$\Delta p = p_1 - p_2$ 仍能保持不变。图中安全阀 2 平时

关闭,只有当负载增大到使 p_2 超过安全阀弹簧的调整压力时才打开,溢流阀阀芯上腔经安全阀通油箱,阀芯向上移动而阀口开大,液压泵的油液经溢流阀全部溢回油箱,以防止系统过载。图 5.29(b)、(c)为溢流节流阀的图形符号及简化图形符号。

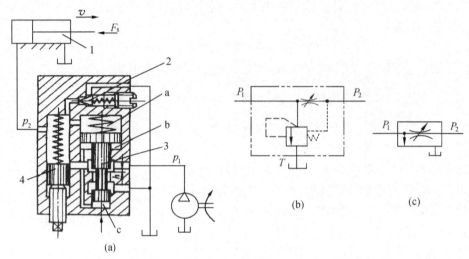

1—液压缸　2—安全阀阀芯　3—溢流阀阀芯　4—节流阀阀芯

图 5.29　溢流节流阀工作原理图及图形符号

第五节　叠 加 阀

一、概述

叠加阀是叠加式液压阀的简称。叠加阀是在板式阀集成化的基础上发展起来的新型液压元件,但它在配置形式上和板式阀、插装阀截然不同。叠加阀是安装在板式换向阀和底板之间,由有关的压力阀、流量阀和单向控制阀组成的一个集成化控制回路。每个叠加阀除了具有液压阀功能外,还起油路通道的作用。因此,由叠加阀组成的液压系统,阀与阀之间不需要另外的连接体,直接叠合再用螺栓结合而成。叠加阀由此而得名。同一通径的各种叠加阀的油口和螺钉孔的大小、位置、数量都与相匹配的板式换向阀相同。因此,同一通径的叠加阀,只要按一定次序叠加起来,加上电磁控制或电液控制换向阀,即可组成各种液压系统。通常一组叠加阀的液压回路只控制一个执行元件;若将几个安装底板块(也都具有相互连通的通道)横向叠加在一起,即可组成控制几个执行部件的液压系统。图 5.29 为叠加式液压阀装置示意图[图(a)]及系统原理图[图(b)]。

叠加阀的工作原理与板式阀基本相同,但在结构和连接方式上有其特点,因而自成体系。例如,板式溢流阀只在阀的底面上有 P 和 T 两个进、出油口,而叠加式溢流阀除 P 和 T 油口外,还有 A、B 油口,而且这些油口又都是自下而上相贯通的。国际标准化组织已制订出相应标准 ISO 7790 和 ISO 4401,对叠加阀的连接尺寸及高度尺寸作出了规定,使叠加阀具有更广泛的通用性及互换性。

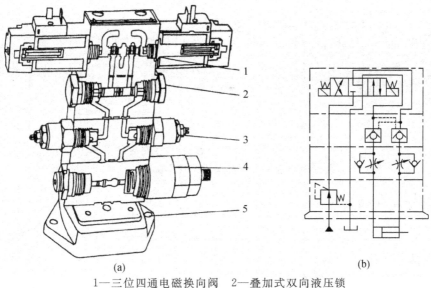

1—三位四通电磁换向阀　2—叠加式双向液压锁
3—叠加式双口进油路单向节流阀　4—叠加式减压阀　5—底板

图 5.30　叠加阀装置示意图和系统原理图

二、典型结构

根据叠加阀的工作功能,通常分为单功能阀和复合功能阀两种类型。

1. 单功能叠加阀

单功能叠加阀和一般液压阀相同,有压力控制阀(包括溢流阀、减压阀、顺序阀等)、流量控制阀(包括节流阀、单向节流阀、调速阀、单向调速阀等)、方向控制阀(包括单向阀、液控单向阀等)等。它们的工作原理与结构和一般液压阀相似,这里不再另述。单功能叠加阀阀体中有 P、T、A、B 四条通路,因此各阀根据其控制点,可以有许多种不同的组合,这一点与一般液压阀有很大差异。它们的类型和结构可参看有关产品型谱系列。

2. 复合功能叠加阀

复合功能叠加阀又称为多机能叠加阀。它是在一个控制阀芯单元中实现两种以上的控制机能的叠加阀。这里以顺序背压阀为例,介绍复合功能叠加阀的结构特点。

图 5.31 所示为顺序背压阀结构图及图形符号。其作用是在差动系统中,当执行元件快速运动时,保证液压缸回油畅通;当执行元件进入工进过程后,顺序阀自动关闭,背压阀工作,在油缸回油腔建立起所需的压力。该阀的工作原理为:执行元件快进时,A 口的压力低于顺序阀的调定压力值,主阀芯 1 在调压弹簧 2 的作用下,处于左端,油口 B 液流畅通,顺序阀处于常通状态。执行元件进入工进后,由于流量阀的作用,使系统的压力提高,当进油口 A 的压力超过顺序阀的调定值时,控制活塞 3 推动主阀芯右移,油路 B 被截断,顺序阀关闭,此时 B 腔回油阻力升高,压力油作用在主阀芯上开有轴向三角槽的台阶左端面上,对阀芯产生向右的推力,主阀芯 1 在 A、B 两腔油压的作用下,继续向右移动使节流阀口打开,B 腔的油液经节流口回油,维持 B 腔回油保持一定的压力。

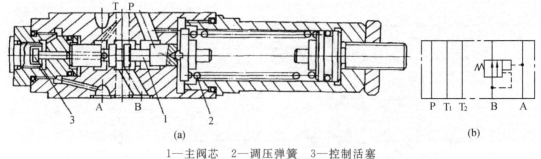

1—主阀芯　2—调压弹簧　3—控制活塞

图 5.31　顺序背压叠加阀结构图及图形符号

三、叠加阀的特点

叠加阀可根据其不同的功能组成各种不同的叠加阀系统。用叠加式液压阀组成的液压系统具有以下特点：

(1) 结构紧凑，体积小，重量轻。
(2) 系统安装简便，装配周期短。
(3) 液压系统如有变化，需要增减元件时，组装方便迅速。
(4) 元件之间实现无管连接，消除了因油管、管接头等引起的泄漏、振动和噪声。
(5) 整个系统配置灵活，外观整齐美观，维护保养容易。
(6) 标准化、通用化和集成化程度较高。

然而，叠加阀系统的缺点是回路形式较少，通径较小，不能满足较复杂和大功率液压系统的需要。

第六节　二通插装阀

二通插装阀简称插装阀，是一种以二通型单向元件为主体、采用先导控制和插装式连接的新型液压控制元件。这种新型的阀具有一系列独特的优点：主阀芯质量小、行程短、动作迅速、响应灵敏、结构紧凑、工艺性好、工作可靠，以及液阻小、通流能力大、密封性好、响应快、抗污染能力强，变型方便，可以高度集成，便于实现无管化连接和集成化控制等。这种阀的出现在很大程度上满足了液压技术向高压、大流量、集成化方向发展的要求，因此，二通插装阀发展异常迅速，在锻压机械、塑料机械、冶金机械、铸造机械、船舶、矿山以及其他工程领域得到了广泛的应用。

一、插装阀的基本结构及工作原理

二通插装阀的主要结构包括插装件、控制盖板、先导控制阀和集成块体四部分，如图 5.32(a)所示，图(b)是其原理符号图。

1. 插装件

插装件又称插入元件，是二通插装阀的主级或称功率元件，插装在阀体或集成块体中，通过它的开启、关闭动作和开启量大小来控制液流的通断或压力的高低、流量的大小，以实现对液压执行元件的方向、压力和速度的控制。

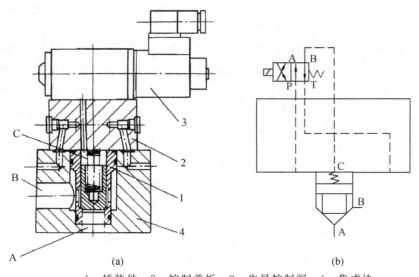

1—插装件　2—控制盖板　3—先导控制阀　4—集成块

图 5.32　插装阀结构原理图和原理符号图

  插装件的基本结构形式如图 5.33 所示。其形状与通用的单向阀相似，它是由阀芯、阀套、弹簧以及相应的密封圈组成的。它具有两个工作腔 A 和 B 和一个控制腔 C；阀芯在阀套中滑动，其配合间隙很小以减少 B 腔与 C 腔之间的泄漏。阀芯头部的锥面紧贴在阀套孔

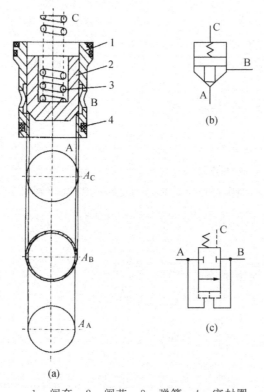

1—阀套　2—阀芯　3—弹簧　4—密封圈

图 5.33　插装件的基本结构形式及图形符号

内的阀座上,形成可靠的线密封,保证 A 腔与 B 腔间没有泄漏。阀套上的三处密封圈防止了 A、B、C 三腔之间沿阀套外缘的泄漏。

二通插装阀的原理、符号还没有标准化,目前各国较通用的画法见图 5.33(b)、(c)。

插入元件的工作状态是由作用在阀芯上的合力方向和大小决定的。当不计阀芯重量和摩擦阻力时,阀芯上的力平衡式为

$$\sum F = p_C A_C - p_A A_A - p_B A_B + F_1 + F_2 \tag{5-6}$$

式中,p_C 为控制腔 C 的压力;p_A 为工作腔 A 的压力;p_B 为工作腔 B 的压力;A_C 为控制腔 C 的作用面积,$A_C = A_A + A_B$;A_A 为工作腔 A 的作用面积;A_B 为工作腔 B 的作用面积;F_1 为弹簧力。

F_2 为稳态液动力,与通过的流量与开口大小有关,在开口较小时才起作用,作用力方向向下。

当合力为正,即 $\sum F > 0$ 时,阀芯关闭;当合力为负,即 $\sum F < 0$ 时,阀芯开启;当合力为零,即 $\sum F = 0$ 时,阀芯停在某一平衡位置上。由上式可以看出,采取适当的方式控制 C 腔的压力 p_C,就可以控制主油路中 A 口与 B 口的油流方向和压力。由图 5.32 还可以看出,如果采取措施控制阀芯的开启高度(也就是阀口的开度),就可以控制主油路中的流量。如果将控制压力与控制阀芯开启高度相结合,则不仅控制了油流的方向,又控制了油流的流量。

2. 先导元件

插装件的工作状态是通过各种先导元件(先导控制阀)控制的,所以先导元件是二通插装阀的控制级。先导元件除了以板式连接或叠加式连接方式安装在控制盖板上以外,还经常以插入式连接方式安装在控制盖板内部,有时也固定在阀体上。

3. 控制盖板

控制盖板不仅起盖住和固定插装件的作用,还起着连接插装件与先导元件的桥梁作用,更重要的是它本身还具有各种控制机能,它与先导元件一起共同构成二通插装阀的先导部分,是控制级的重要组成部分。在控制盖板上除了按需要加工有相应的控制流道和安装连接孔口外,内部还经常设有一些先导元件。

4. 集成块

插装阀体上加工有安装插装件和控制盖板的连接孔和各种流道。二通插装阀主要采用集成连接方式,一般没有独立的阀体,在一个阀体中往往插装有多个插装件。

根据工作要求选择一定形式的插装件,配上相应的先导元件和控制盖板,便可组合成一个具有某种或多种工作机能的液压控制阀或集成块。

二、插装阀的应用

选择适当的插装件,连接不同的控制盖板或不同的先导元件,可组成各种功能的大流量插装阀。在此介绍几种常见的插装阀组合应用。

1. 插装方向控制阀

同普通液压阀相类似,插装阀与换向阀组合,可形成各种形式的插装方向阀。图 5.34 为几种插装方向阀示例。

(1)插装单向阀。

如图 5.34(a)所示,将插装阀的控制油口 C 口与 A 或 B 连接,形成插装单向阀。若 C 与 A 口连接,则阀口 B 到 A 导通,A 到 B 不通;若 C 与 B 口连接,则阀口 A 到 B 口导通,B 到 A 不通。

(2) 电液控单向阀。

如图 5.34(b)所示,当电磁阀不通电时,B 口与 C 口连通,此时只能从 A 到 B 导通,B 到 A 不通;当电磁阀通电时,C 口通过电磁阀接油箱,此时 A 口与 B 口可以两方向导通。

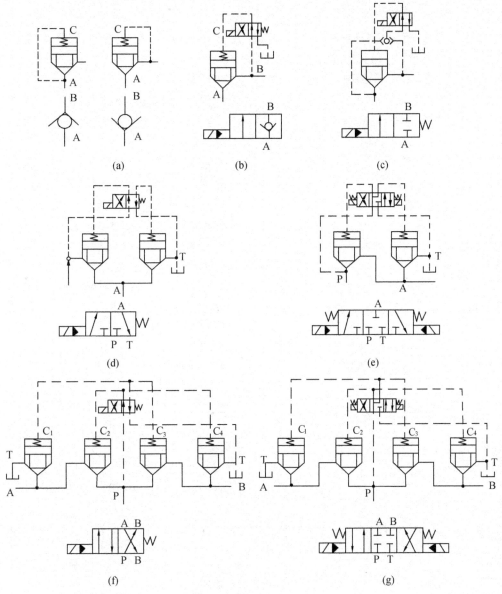

图 5.34 插装方向控制阀

(3) 二位二通插装换向阀。

如图 5.34(c)所示,当电磁阀不通电时,油口 A 与 B 关闭;当电磁阀通电时,油口 A 与 B 导通。

(4) 二位三通插装换向阀。

如图 5.34(d)所示,当电磁阀不通电时,油口 A 与 T 导通,油口 P 关闭;当电磁阀通电时,油口 P 与 A 导通,油口 T 关闭。

(5) 三位三通插装换向阀。

如图 5.34(e)所示,当电磁阀不通电时,控制油使两个插装件关闭,油口 P、T、A 互不连通;当电磁阀左电磁铁通电时,油口 P 与 A 连通,油口 T 关闭;当电磁阀右电磁铁通电时,油口 A 与 T 连通,油口 P 关闭。

(6) 二位四通插装换向阀。

如图 5.34(f)所示,当电磁阀不通电时,油口 P 与 B 导通,油口 A 与 T 导通;当电磁阀通电时,油口 P 与 A 导通,油口 B 与 T 导通。

(7) 三位四通插装换向阀。

如图 5.34(g)所示,当电磁阀不通电时,控制油使 4 个插装件关闭,油口 P、T、A、B 互不连通;当电磁阀左电磁铁通电时,油口 P 与 A 连通,油口 B 与 T 连通;当电磁阀右电磁铁通电时,油口 P 与 B 连通,油口 A 与 T 连通。

根据需要,还可以组成具有更多位置和不同机能的四通换向阀。例如,一个由二位四通电磁阀控制的三通阀和一个由三位四通电磁阀控制的三通阀组成的四通阀则具有 6 种工作机能。如果用两个三位四通电磁阀来控制,则可构成一个九位的四通换向阀。

如果 4 个插装件各自用一个电磁阀分别进行控制时,就可以构成一个具有 12 种工作机能的四通换向阀,如图 5.35 所示。这种组合形式机能最全,适用范围最广,通用性最好,电磁阀品种简单划一。但是应用的电磁阀数量最多,对电气控制的要求较高,成本也高。在实际使用中,一个四通换向阀通常不需要这么多的工作机能,所以,为了减少电磁阀数量,减少故障,应该多采用上述的只用一个或两个电磁阀集中控制的形式。

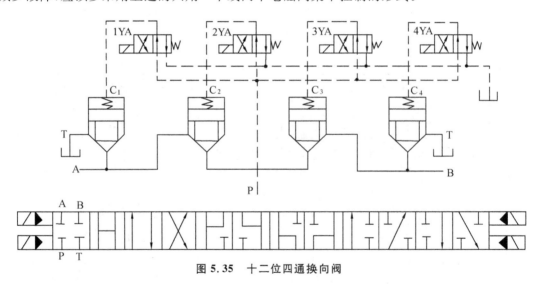

图 5.35 十二位四通换向阀

2. 压力控制插装阀

采用带阻尼孔的插装阀芯并在控制口 C 安装压力控制阀,就组成了如图 5.36 所示的各种插装式压力控制阀。

图 5.36(a)所示为插装式溢流阀,用直动式溢流阀来控制油口 C 的压力,当油口 B 接油箱时,阀口 A 处的压力达到溢流阀控制口的调定值后,油液从 B 口溢流,其工作原理与传统的先导式溢流阀完全一样。

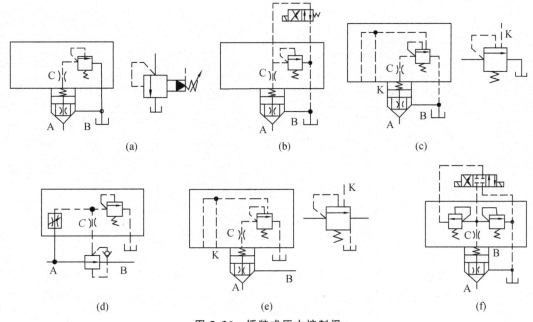

图 5.36 插装式压力控制阀

图 5.36(b)所示为插装式电磁溢流阀,溢流阀的先导回路上再加一个电磁阀来控制其卸荷,便构成一个电磁溢流阀。这种形式在二通插装阀系统中是很典型的,它的应用极其普遍。电磁阀不通电时,系统卸荷,通电时溢流阀工作,系统升压。

图 5.36(c)所示为插装式卸荷溢流阀,用卸荷溢流阀来控制油口 C 的压力,当远控油路没有油压时,系统按溢流阀调定的压力工作;当远控油路有控制油压时,系统卸荷。

图 5.36(d)所示为插装式减压阀,当 A 口的压力低于先导溢流阀调定的压力时,A 口与 B 口直通,不起减压作用;当 A 口压力达到先导溢流阀调定的压力时,先导溢流阀开启,减压阀芯动作,使 B 口的输出压力稳定在调定的压力。

图 5.36(e)所示为插装式远控顺序阀,B 口不接油箱,与负载相接,先导溢流阀的出口单独接油箱,就成为一个先导式顺序阀。当远控油路没有油压时,就是内控式顺序阀;当远控油路有控制油压时,就是远控式顺序阀。

图 5.36(f)所示为插装式双级调压溢流阀,用两个先导溢流阀控制一个压力插装件,用一个三位四通换向阀控制两个先导阀的导通,更换不同中位机能的换向阀,就有不同的控制方式。包括卸荷功能就有三级调压。

3. 插装式流量阀

控制插装件阀芯的开启高度就能使它起到节流的作用。

如图 5.37(a)所示,插装件与带行程调节器的盖板组合,由调节器上的调节杆限制阀芯的开口大小,就形成了插装式节流阀。如果将插装式节流阀与定差减压阀连接,就可组成插装式调速阀,如图 5.37(b)所示。

总之,插装阀经过适当的连接和组合,可组成各种功能的液压控制阀。实际的插装阀系统是一个集方向、流量、压力控制于一体的复合油路。一组插装油路可以由不同通径规格的插装件组合,也可与普通液压阀组合成复合系统,或与比例控制阀组合,组成电液按比例控制的插装阀系统。

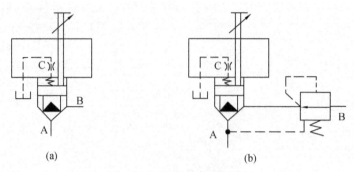

图 5.37 插装式流量阀

第七节 电液比例控制阀

前述各种阀的特点是手动调节和开关式控制。开关控制阀的输出参数在阀处于工作状态下是不可调节的,这类阀不能满足自动化连续控制和远程控制的要求。电液比例阀可以根据输入的电信号大小连续地按比例对液压系统的参数实现远距离调节和计算机控制,因此电液比例阀广泛应用于现代工业中。

早期的电液比例阀主要将普通控制阀的手调机构和电磁铁改换为比例电磁铁,阀体部分不变,它也分为压力、流量和方向控制三大类,其控制形式为开环。现在此基础上又逐渐发展为带有内反馈的结构,这种阀在控制性能方面又有了很大的提高。

一、电液比例压力阀

图 5.38 所示为电液比例压力先导阀,用一个直流比例电磁铁取代原有的手调装置。与普通压力先导阀的区别是:与阀芯上液压力进行比较的是比例电磁铁的电磁吸力,而不是普通压力先导阀的弹簧力。弹簧 3 是传力弹簧,无压缩量,只起传递电磁吸力的作用。比例电磁铁电磁吸力与输入电流成比例,只要连续地按比例调节输入电流,就能连续地按比例

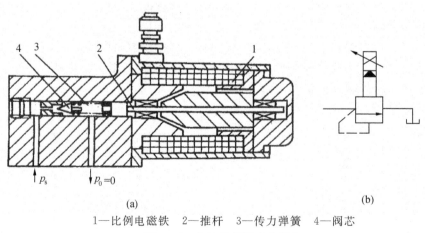

1—比例电磁铁　2—推杆　3—传力弹簧　4—阀芯
图 5.38 电液比例压力先导阀

控制锥阀的开启压力 p_s。这种阀可作为直动式压力阀使用,也可作为压力先导阀,与普通溢流阀、减压阀、顺序阀的主阀组合,构成电液比例溢流阀、电液比例减压阀和电液比例顺序阀。

二、电液比例方向阀

电液比例方向阀能按其输入电信号的正负及幅值大小,同时实现液流的流动方向及流量的控制,因此又称为电液比例方向节流阀。电液比例方向阀按其对流量的控制方式,可分为节流控制型和流量控制型两类;按其换向方式,可分为直接作用方式和先导作用方式。

图 5.39 为一种新型的位移-电反馈直接控制式电液比例方向节流阀。此阀是由阀芯 4、阀体 3、比例电磁铁 2 和 5、位移传感器 1 组成的。阀芯 4 在阀体内的位置是由比例电磁铁 1 或 5 所输入的电信号的大小所决定的。位移传感器 1 可准确地测量阀芯所处的位置,当液动力或摩擦力的干扰使阀芯的实际位置与期望位置产生误差时,位移传感器将所测得的误差反馈至比较放大器 6,经比较放大后发出信号,补偿误差,使阀芯最终达到准确位置。这样形成一闭环控制,使比例方向节流阀的控制精度得到提高。当然,直接控制式电液比例方向节流阀只能用于较小流量的系统。

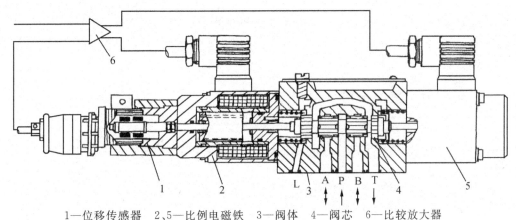

1—位移传感器　2、5—比例电磁铁　3—阀体　4—阀芯　6—比较放大器

图 5.39　位移-电反馈直接控制式电液比例方向节流阀

复习与思考

1. 什么是换向阀的"位"和"通"? 换向阀有几种控制方式? 其职能符号如何表示?
2. 电液换向阀的先导阀为什么选用 Y 型中位机能? 改用其他型机能是否可以? 为什么?
3. 哪些阀可以作背压阀用? 单向阀当背压阀使用时,需要采取什么措施?
4. 若把先导式溢流阀的远程控制口当成泄漏口接油箱,这时液压系统会出现什么问题?
5. 若正处于工作状态的先导式溢流阀(阀前压力为某调定值时),主阀芯的阻尼孔被污物堵塞后,阀前压力会发生什么变化? 若先导阀前小孔被堵塞,阀前压力会发生什么变化?
6. 若将减压阀的进出油口反接,会出现什么现象?
7. 试分析自控内泄式顺序阀与溢流阀的区别(从结构特征、在回路中作用、性能特点上加以分析)。
8. 用结构原理图和图形符号分别说明顺序阀、减压阀和溢流阀的异同点。

第六章 液压辅助元件

在液压系统中,密封件、蓄能器、过滤器、油箱、热交换器、管件等属于辅助元件。这些元件结构比较简单,功能比较单一,但对于液压系统的工作性能、噪声、温升、可靠性等都有直接的影响。因此,应当对液压辅助元件引起足够的重视。在液压辅助元件中,目前大部分元件都已标准化,并有专业厂家生产,设计时选用即可。只有油箱等少量非标准件,品种较少,要求也有较大的差异,有时需要根据液压设备的要求自行设计。

第一节 密封装置

密封是解决液压系统泄漏问题的有效手段之一。当液压系统的密封性不好时,会因外泄漏而污染环境,同时还会造成空气进入液压系统而影响液压泵的工作性能和液压执行元件运动的平稳性;当内泄漏严重时,造成系统容积效率过低及油液温升过高,以致系统不能正常工作。

一、对密封装置的要求

对密封装置的要求如下:

(1) 在工作压力和一定的温度范围内,应具有良好的密封性能,并随着压力的增大能自动提高密封性能。

(2) 密封装置和运动件之间的摩擦力要小,摩擦系数要稳定。

(3) 抗腐蚀能力强,不易老化,工作寿命长,耐磨性好,磨损后在一定程度上要能自动补偿。

(4) 结构简单,使用、维护方便,价格低廉。

二、密封装置的类型和特点

密封按其工作原理来分可分为非接触式密封和接触式密封。前者主要指间隙密封,后者指密封件密封。

1. 间隙密封

间隙密封是靠相对运动件配合面之间的微小间隙来进行密封的。间隙密封常用于柱塞、活塞或阀的圆柱配合副中。

这种密封的优点是摩擦力小,缺点是磨损后不能自动补偿,主要用于直径较小的圆柱面之间,如液压泵内的柱塞与缸体之间、滑阀的阀芯与阀孔之间的配合。

2. O形密封圈

O形密封圈一般用耐油橡胶制成,其横截面呈圆形,它具有结构紧凑、运动件的摩擦阻力小、制造容易、装拆方便、成本低、高低压均可以用等特点,在液压系统中得到广泛的应用。

O形密封圈的结构和工作情况如图 6.1 所示。图 6.1(a)为 O 形密封圈的外形截面图；图 6.1(b)为装入密封沟槽时的情况图，其中 δ_1、δ_2 分别为 O 形密封圈装配后的预压缩量，通常用压缩率 W 表示：

$$W = \frac{d_0 - h}{d_0} \times 100\% \tag{6-1}$$

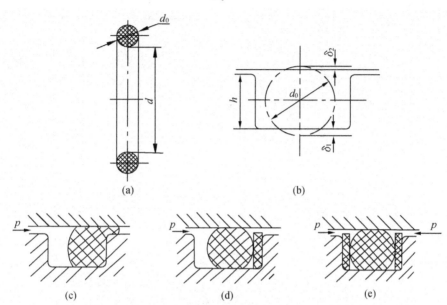

图 6.1 O 形密封圈的结构和工作情况

对于固定密封、往复运动密封和回转运动密封，压缩率应分别达到 15%～20%、10%～20% 和 5%～10%，才能取得满意的密封效果。

当油液工作压力超过 10 MPa 时，O 形密封圈在往复运动中容易被油液压力挤入间隙而损坏［图 6.1(c)］。为此要在它的侧面安放 1.2～1.5 mm 厚的聚四氟乙烯挡圈，单向受力时在受力侧的对面安放一个挡圈；双向受力时则在两侧各放一个挡圈，如图 6.1(d)、(e)所示。

O 形密封圈的安装沟槽，除矩形外，还有 V 形、燕尾形、半圆形、三角形等，实际应用中可查阅有关技术手册及国家标准。

3. 唇形密封圈

唇形密封圈根据截面的形状可分为 Y 形、V 形、U 形、L 形等，其工作原理如图 6.2 所示。

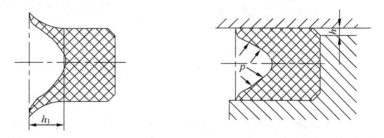

图 6.2 唇形密封圈的工作原理

液压力将密封圈的两唇边 h 压向形成间隙的两个零件的表面。这种密封作用的特点是能随着工作压力的变化自动调整密封性能,压力越高则唇边被压得越紧,密封性越好;当压力降低时唇边压紧程度也随之降低,从而减少了摩擦阻力和功率消耗。此外,还能自动补偿唇边的磨损。

目前,Y 形密封圈在液压缸中得到普遍的应用,主要用做活塞和活塞杆的密封。图 6.3(a) 所示为轴用密封圈,图 6.3(b) 所示为孔用密封圈。Y 形密封圈的特点是,断面宽度和高度的比值大,增加了底部支承宽度,可以避免因摩擦力造成密封圈的翻转和扭曲。

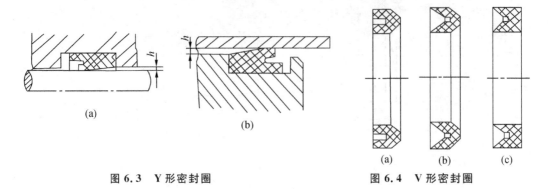

图 6.3　Y 形密封圈　　　　　图 6.4　V 形密封圈

在高压和超高压情况下(压力大于 25 MPa)的轴密封多采用 V 形密封圈。V 形密封圈由多层涂胶织物压制而成,其形状如图 6.4 所示[图(a)、(b)、(c) 所示分别为支承环、密封环及压环]。V 形密封圈通常由压环、密封环和支承环三个圈叠在一起使用,此时已能保证良好的密封性。当压力更高时,可以增加中间密封环的数量,这种密封圈在安装时要预压紧,所以摩擦阻力较大。

在安装唇形密封圈时,应使其唇边开口面对压力油,使两唇张开,分别贴紧在零件的表面上。

4. 组合式密封装置

随着技术的进步和设备性能的提高,液压系统对密封的要求越来越高,普通的密封圈单独使用已不能很好地满足需要。因此,人们研究和开发了由包括密封圈在内的两个以上元件组成的组合式密封装置。

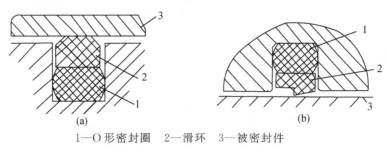

1—O 形密封圈　2—滑环　3—被密封件
图 6.5　组合式密封装置

图 6.5(a) 为由 O 形密封圈与截面为矩形的聚四氟乙烯塑料滑环组成的组合密封装置。滑环 2 紧贴密封面,O 形圈 1 为滑环提供弹性预压力,在介质压力等于零时构成密封,由于密封间隙靠滑环,而不是 O 形圈,因此摩擦阻力小且稳定,可以用于 40 MPa 的高压环境;在往复运动密封时,速度可达 15 m/s;在往复摆动与螺旋运动密封时,速度可达 5 m/s。矩形

滑环组合密封的缺点是抗侧倾能力稍差,在高低压交变的场合下工作时易泄漏。

图 6.5(b)所示为由滑环 2 和 O 形圈 1 组成的组合密封。由于滑环 2 与被密封件 3 之间为线密封,故其工作原理类似唇边密封。滑环采用一种经特别处理的合成材料,具有极佳的耐磨性、低摩擦和保形性,工作压力可达 80 MPa。

组合式密封装置还有其他各种形状和规格的产品,有些工作压力可达 100 MPa。

组合式密封装置充分发挥了橡胶密封圈和滑环各自的长处,不仅工作可靠、摩擦力低、稳定性好,而且使用寿命比普通橡胶密封提高近百倍,在工程上得到广泛的应用。

5. 回转轴的密封装置

回转轴的密封装置形式很多,图 6.6 所示是用耐油橡胶制成的回转轴用密封圈,它的内部有直角形圆环铁骨架支撑着,密封圈的内边围着一条螺旋弹簧,把内边收紧在轴上进行密封。这种密封圈主要用于液压泵、液压马达和回转式液压缸的伸出轴的密封,以防止油液漏到壳体外部,它的工作压力一般不超过 0.2 MPa,最大允许的线速度为 5~12 m/s。

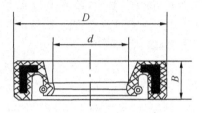

图 6.6 回转轴的密封装置

第二节 管 件

将分散的液压元件用油管和管接头连接,构成一个完整的液压系统。油管的性能、管接头的结构与液压系统的工作状态有直接的关系。

一、油管

液压系统中使用的油管种类较多,有钢管、铜管、尼龙管、塑料管、橡胶管等,在选用时要考虑液压系统压力的高低、液压元件安装的位置以及液压设备工作的环境等因素。

1. 钢管

钢管分为无缝钢管和焊接钢管两类。前者一般用于中高压系统,后者用于低压系统。钢管的特点是:承压能力强,价格低廉,强度高,刚度好,但装配和弯曲较困难。目前在各种液压设备中,钢管应用最为广泛。

2. 铜管

铜管分为黄铜管和纯铜管两类,多用纯铜管。铜管具有装配方便、易弯曲等优点,但强度低,抗震能力差,材料价格高,易使液压油氧化等,一般用于液压装置内部难装配的地方或压力在 0.5~10 MPa 的中低压系统中。

3. 尼龙管

这是一种乳白色半透明的新型管材,承压能力有 2.5 MPa 和 8 MPa 两种。尼龙管具有价格低廉、弯曲方便等特点,但寿命较短,多用于低压系统,替代铜管。

4. 塑料管

塑料管价格低,安装方便,但承压能力低,易老化,目前只用于泄漏管和回油路。

5. 橡胶管

这种油管有高压管和低压管两种:高压管由夹有钢丝编织层的耐油橡胶制成,钢丝层越多,油管耐压能力越高;低压管的编织层为帆布或棉线。橡胶管用于具有相对运动的液压件的连接。

二、管接头

管接头是连接油管与液压元件或阀板的可拆卸的连接件。管接头应满足拆装方便、密封性好、连接牢固、外形尺寸小、压降小、工艺性好等要求。

液压系统中油液的泄漏多发生在管路的连接处,所以管接头的重要性不容忽视,它除了应满足连接强度外,还应能在振动、压力冲击下保持管路的密封性。在高压处不能向外泄漏,在有负压的吸油管路上不允许空气向内渗入。常用的管接头有以下几种:

1. 焊接管接头

如图 6.7 所示为高压管路应用较多的一种管接头,它工作可靠,制造简单。管接头的接管 1 焊接在管子的一端,用螺母 2 将接管 1 和接头体 4 连接在一起。在接触面上,图 6.7(a)中的球面依靠球面和锥面的环形接触线实现密封,图 6.7(b)中的平面接头用 O 形密封圈 3 来实现密封。接头体 4 和本体 5(泵、马达、阀及其他元件)是用螺纹连接的。若采用圆柱螺纹,由于其本身密封性能不够好,常需用组合密封圈 6[图 6.7(c)]或其他密封圈加以密封;若采用锥螺纹连接,在螺纹表面包一层聚四氟乙烯的密封带旋入,则在锥螺纹连接面上就可形成牢固的密封层。

2. 卡套管接头

如图 6.8 所示的卡套管接头,是由接头体 1、卡套 4 和螺母 3 组成的。卡套是带有尖锐内刃的金属环,当螺母 3 旋转时刃口嵌入管路 2 的表面,形成密封。与此同时,卡套受压而中部略凸,在 a 处和接头体 1 的内锥面接触,形成密封。这种管接头不用焊接,不用另外的密封件,尺寸小、装拆方便,在高压系统中被广泛采用。但卡套式管接头要求管道表面有较高的尺寸精度,适用于冷拔无缝钢管而不适用于热轧管。

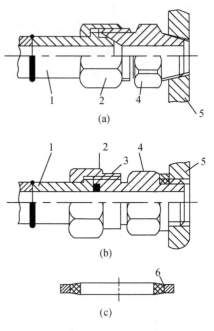

1—接管　2—螺母　3—密封圈
4—接头体　5—本体　6—密封圈

图 6.7　焊接式管接头

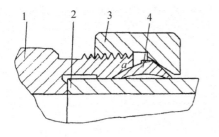

1—接头体　2—管路　3—螺母　4—卡套

图 6.8　卡套式管接头

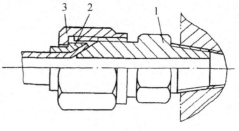

1—接头体　2—管套　3—螺母

图 6.9　扩口式管接头

3. 扩口管接头

如图 6.9 所示的扩口管接头,由接头体 1、管套 2 和接头螺母 3 组成,它只适用于薄壁铜管、工作压力不大于 8 MPa 的场合。拧紧接头螺母,通过管套就使带有扩口的管子压紧密封。

4. 胶管接头

胶管接头有可拆式和扣压式两种,各有 A、B、C 三种形式。随管径不同可用于工作压力在 6~40 MPa 的液压系统中。

图 6.10 所示为扣压式胶管接头,这种管接头的连接和密封部分与普通管接头相同,只是要把接管加长,成为芯管 1,并和接头外套 2 一起将软管夹住(需在专用设备上扣压而成),使管接头和胶管连成一体。

5. 快速接头

快速接头全称为快速装拆管接头,无需装拆工具,适用于经常装拆处。图 6.11 所示为油路接通时的工作位置,需要断开油路时,可用力把外套 4 向左推,再拉出接头体 5,钢球 3(有 6~12 颗)即从接头体槽中退出。与此同时,单向阀的锥形阀芯 2 和 6 分别在弹簧 1 和 7 的作用下将两个阀口关闭,油路即断开。这种管接头结构复杂,压力损失较大。

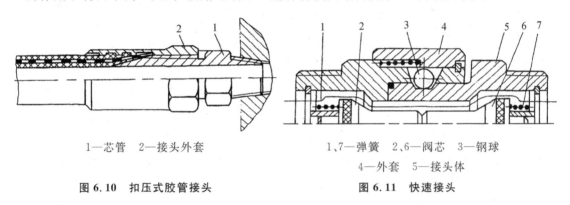

1—芯管 2—接头外套

1、7—弹簧 2、6—阀芯 3—钢球
4—外套 5—接头体

图 6.10 扣压式胶管接头   图 6.11 快速接头

第三节 油箱及附件

油箱的主要功用是储存油液,同时还具有散热、沉淀污物、析出油液中渗入的空气以及作为安装平台等作用。

一、油箱的分类及典型结构

1. 油箱的分类

油箱可分为开式结构和闭式结构两种:开式结构油箱中的油液具有与大气相通的自由液面,多用于各种固定设备;闭式结构的油箱中的油液与大气是隔绝的,多用于行走设备及车辆。

开式结构油箱又分为整体式和分离式。整体式油箱通常是利用主机的底座作为油箱,其特点是结构紧凑,液压元件的泄漏容易回收,但散热性能差,维修不方便,对主机的精度及性能有所影响。

分离式油箱单独构成一个供油泵站,与主机分离,其散热性、维护和维修性均优于整体式油箱,但须增大占地面积。目前,精密设备多采用分离式油箱。

2. 油箱的典型结构

油箱通常用钢板焊接而成。采用不锈钢板最好,但成本高,大多数情况下采用镀锌钢板或普通钢板内涂防锈的耐油涂料。图 6.12 所示为一个油箱的结构简图。图中 1 为吸油管,4 为回油管,中间有两个隔板 7 和 9,隔板 7 用于阻挡沉淀杂物进入吸油管,隔板 9 用于阻挡泡沫进入吸油管,脏物可以从放油阀 8 放出,过滤器 2 设在吸油管的底部,空气过滤器 3 设在回油管一侧的上部,兼有加油和通气的作用,6 是油面指示器,油箱顶部的安装板用较厚的钢板制造,用以安装电动机、液压泵、集成块等部件,当彻底清洗油箱时可将上盖 5 卸开。

如果将压力不高的压缩空气引入油箱中,使油箱中的压力大于外部压力,这就是所谓的压力油箱,压力油箱中通气压力一般为 0.05 MPa 左右,这时外部空气和灰尘绝无渗入的可能,这对提高液压系统的抗污染能力、改善吸入条件都是有益的。

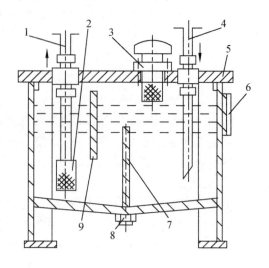

1—吸油管　2—过滤器　3—空气过滤器
4—回油管　5—上盖　6—油面指示器
7、9—隔板　8—放油阀

图 6.12　油箱的结构简图

二、油箱的设计

油箱属于非标准件,在实际情况下常根据需要自行设计。设计油箱时主要考虑油箱的容积、结构、散热等问题。

1. 油箱容积的估算

油箱的容积是油箱设计时需要确定的主要参数。油箱体积大时,散热效果好,但用油多,成本高;油箱体积小时,占用空间少,成本降低,但散热条件不足。

油箱要有足够的有效容积,油箱的有效容积(指油面高度为油箱高度80%时的容积)应根据液压系统发热、散热平衡的原则来计算,但这只是在系统负载较大、长期连续工作时才有必要进行,一般只需根据经验按液压泵的额定流量估算即可,一般低压系统油箱的有效容积为液压泵每分钟排油量的 2～4 倍,中压系统为 5～7 倍,高压系统为 10～12 倍。

2. 设计时的注意事项

在确定容积后,油箱的结构设计就成为实现油箱各项功能的主要工作。设计油箱结构时应注意以下几点:

(1) 箱体要有足够的强度和刚度。油箱一般用 2.5～4 mm 的钢板焊接而成,尺寸大者要加焊加强筋。

(2) 泵的吸油管上应安装 100～200 目的网式过滤器,过滤器与箱底间的距离不应小于 20 mm,过滤器不允许露出油面,防止泵吸入空气产生噪声。系统的回油管要插入油面以下,防止回油冲溅而产生气泡。

(3) 吸油管与回油管应隔开，二者间的距离应尽量远些，最好用几块隔板隔开，以增加油液的循环距离，使油液中的污物和气泡充分沉淀或析出。隔板高度一般取油面高度的 3/4。

(4) 为防止油液污染，盖板及窗口的各连接处均需加密封垫，各油管通过的孔都要加密封圈。

(5) 油箱底部应有坡度，箱底与地面间应有一定距离，箱底最低处要设置放油塞。

(6) 油箱内壁表面要作专门处理。为防止油箱内壁涂层脱落，新油箱内壁要经喷丸、酸洗和表面清洗，然后可涂一层与工作液相容的塑料薄膜或耐油清漆。

第四节 过 滤 器

一、过滤器的作用

液压系统中 75% 以上的故障与液压油的污染有关。油液中的污染能加速液压元件的磨损，卡死阀芯，堵塞工作间隙和小孔，使元件失效，导致液压系统不能正常工作，因而必须对油液进行过滤。过滤器主要用于过滤混在液压油中的杂质，使进入液压系统的油液的污物减少，保证系统正常地工作。

二、过滤器的性能指标

过滤器的主要性能指标有过滤精度、通流能力、压力损失等，其中过滤精度为主要指标。

1. 过滤精度

过滤精度是指过滤器从液压油中所过滤掉的杂质颗粒的最大尺寸（以污物颗粒平均直径 d 表示）。

目前所使用的过滤器，按过滤精度可分为四级：粗级（$d \geqslant 100$ μm）、普通级（$d \geqslant 10 \sim 100$ μm）、精级（$d \geqslant 5 \sim 10$ μm）和特精级（$d \geqslant 1 \sim 5$ μm）。

2. 通流能力

过滤器的通流能力一般用额定流量表示，它与过滤器滤芯的过滤面积成正比。

3. 压力损失

指过滤器在额定流量下进出油口间的压力差。一般过滤器的通流能力越好，压力损失也越小。

4. 其他性能

过滤器的其他性能主要指滤芯强度、滤芯寿命、滤芯耐腐蚀性等定性指标。不同的过滤器这些性能会有较大的差异。

三、过滤器的典型结构

滤芯按结构可分为网式、线隙式、磁性、纸芯式、烧结式等多种，下面介绍几种常用过滤器。

1. 网式过滤器

图 6.13 为网式过滤器结构图。它由上端盖 1、下端盖 4 之间连接开有若干孔的筒形塑料骨架(或金属骨架)组成,在骨架外包裹一层或几层过滤网 2。过滤器工作时,液压油从过滤器外通过过滤网进入过滤器内部,再从上盖管口处进入系统。此过滤器属于粗过滤器,其过滤精度为 80～180 μm,压力损失不超过 0.01 MPa,这种过滤器的过滤精度与铜丝网的网孔大小、铜网的层数有关。网式过滤器的特点是:结构简单,通油能力强,压力损失小,清洗方便,但是过滤精度低,一般安装在液压泵的吸油管口上用以保护液压泵。

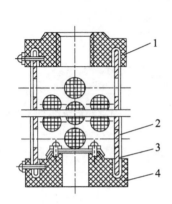 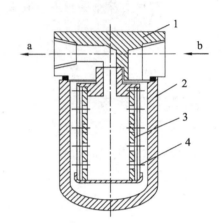

1—上端盖　2—过滤网　3—骨架　4—下端盖　　　1—端盖　2—壳体　3—骨架　4—金属绕线

图 6.13　网式过滤器　　　　　　　　　　图 6.14　线隙式过滤器

2. 线隙式过滤器

图 6.14 为线隙式过滤器的结构图。它是由端盖 1、壳体 2、带孔眼的筒形骨架和绕在骨架 3 外部的金属绕线组成的。工作时,油液从孔 b 进入过滤器内,经线间的间隙、骨架上的孔眼进入滤芯中再由孔 a 流出。这种过滤器利用金属绕线间的间隙过滤,其过滤精度取决于间隙的大小。过滤精度有 30 μm、50 μm、80 μm 三种精度等级,其额定流量为 6～25 L/min,在额定流量下,压力损失为 0.03～0.06 MPa。线隙式过滤器分为吸油管用和压油管用两种。前者安装在液压泵的吸油管道上,其过滤精度为 50～100 μm,通过额定流量时压力损失小于 0.02 MPa;后者用于液压系统的压力管道上,其过滤精度为 30～80 μm,压力损失小于 0.06 MPa。这种过滤器的特点是:结构简单,通油性能好,过滤精度较高,所以应用较普遍,但缺点是不易清洗。

3. 纸芯式过滤器

纸芯式过滤器以滤纸为过滤材料,把厚度为 0.35～0.7 mm 的平纹或波纹的酚醛树脂或木浆的微孔滤纸,环绕在带孔的镀锡铁皮骨架上,制成滤纸芯(图 6.15)。油液从滤芯外面经滤纸进入滤芯内,然后从孔道 a 流出。为了增大滤纸 1 的过滤面积,纸芯一般都做成折叠式。这种过滤器过滤精度有 1～40 μm 等规格,压力损失为 0.1～0.35 MPa。其特点为过滤精度高;缺点是堵塞后无法清洗,需定期更换纸芯,强度低,一般用于精过滤系统。

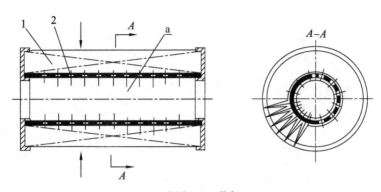

1—滤纸 2—骨架
图 6.15 纸芯式过滤器

4. 烧结式过滤器

图 6.16 为烧结式过滤器的结构图。此过滤器是由端盖 1、壳体 2、滤芯 3 组成的，滤芯由颗粒状铜粉烧结而成。其过滤过程是：压力油从 a 孔进入，经铜颗粒之间的微孔进入滤芯内部，从 b 孔流出。烧结式过滤器的过滤精度与滤芯上铜颗粒之间的微孔的尺寸有关，选择不同颗粒的粉末，制成厚度不同的滤芯，就可获得不同的过滤精度。烧结式过滤器的过滤精度在 $1\sim10~\mu m$ 之间，压力损失为 $0.03\sim0.2$ MPa。这种过滤器的优点是强度大，可制成各种形状，制造简单，过滤精度高。缺点是难清洗，金属颗粒易脱落，常用于需要精过滤的场合。

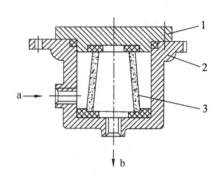

1—端盖 2—壳体 3—滤芯
图 6.16 烧结式过滤器

四、过滤器的选择

选择过滤器时，主要根据液压系统的技术要求和过滤器的特点综合考虑。考虑的因素主要有以下几个：

1. 系统的工作压力

系统的工作压力是选择过滤器精度的主要依据之一。系统的压力越高，液压元件的配合精度越高，所需要的过滤精度也就越高。

2. 系统的流量

过滤器的通流能力是根据系统的最大流量而确定的。一般来说，过滤器的额定流量不能小于系统的流量，否则过滤器的压力损失会增大，过滤器易堵塞，寿命也缩短。但过滤器的额定流量越大，其体积及造价也就越大，因此应选择合适的流量。

3. 滤芯的强度

过滤器滤芯的强度是一个重要指标。不同结构的过滤器有不同的强度。在高压或冲击大的液压回路上应选用强度高的过滤器。

五、过滤器的安装位置

过滤器的安装位置是根据系统的需要而确定的，一般可安装在图 6.17 所示的各种位置。

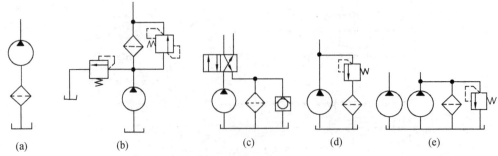

图 6.17 过滤器的安装位置

1. 安装在液压泵的吸油口

如图 6.17(a)所示,在泵的吸油口安装过滤器,可以保护系统中的所有元件,但由于受泵吸油阻力的限制,只能选用压力损失小的网式过滤器。这种过滤器过滤精度低,泵磨损所产生的颗粒将进入系统,对系统其他液压元件无法完全保护,还需其他过滤器串在油路上使用。

2. 安装在液压泵的出油口上

如图 6.17(b)所示,这种安装方式可以有效地保护除泵以外的其他液压元件,但由于过滤器是在高压下工作,滤芯需要有较高的强度。为了防止过滤器堵塞而引起液压泵过载或过滤器损坏,常在过滤器旁设置一堵塞指示器或旁路阀加以保护。

3. 安装在回油路上

如图 6.17(c)所示,将过滤器安装在系统的回油路上。这种方式可以把系统内油箱或管壁氧化层的脱落或液压元件磨损所产生的颗粒过滤掉,以保证油箱内液压油的清洁,使泵及其他元件受到保护。由于回油压力较低,所需过滤器强度不必过高。

4. 安装在支路上

如图 6.17(d)所示,这种方式主要将过滤器安装在溢流阀的回油路上,这时不会增加主油路的压力损失,比较经济合理。但不能过滤全部油液,也不能保证杂质不进入系统。

5. 单独过滤

如图 6.17(e)所示,用一个液压泵和过滤器单独组成一个独立于系统之外的过滤回路,这样可以连续清除系统内的杂质,保证系统内清洁。这种方式一般用于大型液压系统。

第五节 蓄 能 器

蓄能器是液压系统中的储能元件,它储存多余的压力油液,并在需要时释放出来供给系统使用。

一、蓄能器的类型与结构

蓄能器主要有重锤式、弹簧式和充气式三种类型。目前常用的是充气式蓄能器,它又分为活塞式和气囊式两种,以气囊式蓄能器最为常用。

气囊式蓄能器是利用气体的压缩和膨胀来储存和释放能量的。为安全起见,所充气体一般为氮气。

图 6.18 所示为 NXQ 型气囊式蓄能器结构图和图形符号,它由壳体 1、气囊 2、充气阀 3、限位阀 4 等组成,工作压力为 3.5～35 MPa,常用容量范围为 0.6～40 L,温度适用范围为 −10 ℃～70 ℃。工作前,使用专用充气工具从充气阀向气囊内充进一定压力的气体,然后将充气阀关闭,使气体封闭在气囊内。压力油从入口顶开菌形限位阀 4 进入壳体内压缩气囊。气囊内的气体被压缩而储存能量;当系统压力低于蓄能器压力时,气囊膨胀压力油输出,蓄能器释放能量。菌形限位阀的作用是防止气囊膨胀时从蓄能器油口处凸出而损坏。这种蓄能器的特点是气体与油液完全隔开,气囊惯性小、反应灵活、结构尺寸小、重量轻、安装方便,一次充气后能长时间地保存气体,是目前应用最为广泛的蓄能器之一。

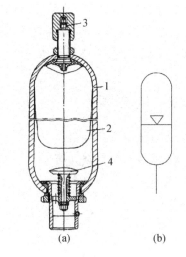

1—壳体　2—气囊　3—充气阀
4—菌形限位阀

图 6.18　气囊式蓄能器结构图及图形符号

二、蓄能器的作用

1. 作辅助动力源

当液压系统工作循环中所需的流量变化较大时,可采用一个蓄能器与一个较小流量(整个工作循环的平均流量)的泵配合,在短时间需要大流量时,由蓄能器与泵同时供油;所需流量较小时,泵将多余的油液向蓄能器充油,这样,可节省能源,降低温升。另一方面,在有些特殊的场为防止停电或驱动液压泵的电动机发生故障,蓄能器可作应急能源短期使用。

2. 保压和补充泄漏

当液压系统要求较长时间内保压时,可采用蓄能器,补充其泄漏,使系统压力保持在一定范围内。

3. 缓和冲击、吸收压力脉动

当阀门突然关闭或换向时,系统中产生的冲击压力,可由安装在产生冲击处的蓄能器来吸收,使液压冲击的峰值降低。若将蓄能器安装在液压泵的出口处,可降低液压泵压力脉动的峰值。

三、蓄能器的安装使用

蓄能器在液压系统中安装的位置由蓄能器的功能来确定。在使用和安装蓄能器时应注意以下问题:

(1) 气囊式蓄能器应当垂直安装,油口向下,倾斜安装或水平安装会使蓄能器的气囊与壳体磨损,影响蓄能器的使用寿命。

(2) 吸收压力脉动或冲击的蓄能器应该安装在振源附近。

(3) 安装在管路中的蓄能器必须用支架或挡板固定,以承受因蓄能器蓄能或释放能量所产生的动量反作用力。

（4）蓄能器与液压泵间应安装单向阀，以防止停泵时压力油发生倒流。蓄能器与管道之间应安装截止阀，以便于充气或检修。

 复习与思考

1. 简述管接头的作用及种类。
2. 过滤器的性能指标有哪些？选择时应如何考虑？
3. 简述蓄能器的作用。

第七章 液压基本回路

第一节 概述

一台设备的液压系统无论是复杂还是简单,都是由若干基本回路组成的。液压基本回路是指由若干个液压元件组成,能够实现某种特定功能的典型油路单元。基本回路按照在液压系统中的功能分为:方向控制回路、压力控制回路、速度控制回路、多缸动作回路、其他控制回路等。

第二节 方向控制回路

方向控制回路是利用各种方向阀来控制液压系统中液流的方向和通断,以使执行元件换向、启动或停止。

一、启停回路

在执行元件需要频繁启动或停止的液压系统中,一般不采用启动或停止液压泵电动机的方法来使执行元件启停,因为这对泵、电机和电网都不利。因此在液压系统中经常采用启停回路来实现这一要求。

1. 二位二通换向阀启停回路

图 7.1 是采用二位二通电磁换向阀的启停回路,图示为开启位置,液压系统正常工作。当电磁铁失电时,二位二通换向阀回到左位,切断油路,液压系统停止工作。此时压力油自溢流阀流回油箱,一般用于小流量系统。

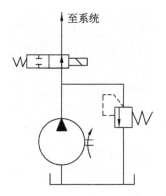

图 7.1 二位二通换向阀启停回路

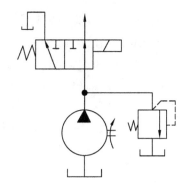

图 7.2 二位三通换向阀启停回路

2. 二位三通换向阀启停回路

图 7.2 是采用二位三通电磁换向阀的启停回路,图示为开启位置,液压系统正常工作。当电磁铁失电,二位三通左位工作,切断油路,液压泵卸荷。

二、换向回路

换向回路用来变换执行元件的运动方向。采用各种换向阀或改变变量泵的输油方向都可以使执行元件换向。

1. 电磁换向阀换向回路

各种操作方式的二位四通、二位五通、三位四通、三位五通换向阀都可以组成换向回路,只是性能和应用场合不同。手动换向阀精度和平稳性不高,常用于换向不频繁且无需自动化的场合,如一般的机床夹具、工程机械等。对于速度和惯性较大的液压系统,采用机动换向阀较为合理,只需使运动部件上的挡块有合适的轮廓曲线,即可减小液压冲击,并有较高的换向精度。电磁阀使用方便,易于实现自动化,但换向时间短,换向冲击大,适用于流量小、平稳要求不高的场合。流量比较大、换向精度与平稳性要求较高的液压系统,常采用液动或电液动换向。图 7.3 为采用三位四通电磁阀和行程开关的换向回路。

图 7.4 为采用三位四通电磁阀和压力继电器的换向回路。

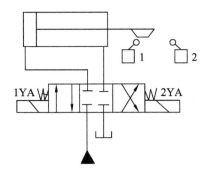 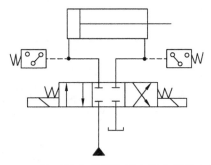

图 7.3 三位四通电磁阀和行程开关换向回路　　图 7.4 三位四通电磁阀和压力继电器换向回路

2. 双向变量泵换向回路

在闭式回路中可用双向变量泵改变供油方向来直接实现液压缸换向。如图 7.5 所示,执行元件是单杆双作用液压缸 5。当双向变量泵 1 左端进油、右端压油时,液压缸活塞向左运动,排油流量大于进油流量,泵 1 吸油端多余的油液通过由缸 5 进油端压力控制的二位二通阀 4 和溢流阀 6 排回油箱;改变双向变量泵 1 的供油方向,活塞向右运动,其进油流量大于排油流量,双向变量泵 1 吸油端流量不足,可用辅助泵 2 通过单向阀 3 来补充。溢流阀 6 和 8 既使活塞向左或向右运动时泵吸油侧有一定的吸入压力,又可使活塞运动平稳。溢流阀 7 是防止系统过载的安全阀。这种回路适用于压力较高、流量较大的场合。

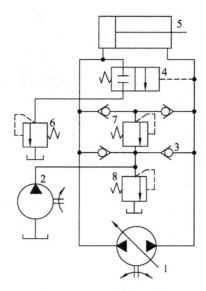

1—双向变量泵 2—辅助泵 3—单向阀 4—二位二通阀 5—液压缸 6、7、8—溢流阀

图 7.5 双向变量泵换向回路

三、锁紧回路

锁紧回路的作用是防止执行元件在停止运动时因外界因素而发生漂移或窜动。

1. M 型(O 型)中位机能锁紧回路

图 7.6 所示为 M 型中位机能锁紧回路,利用三位换向阀的 M 型(O 型)中位机能封闭液压缸两腔,使执行元件在其行程的任意位置上锁紧。但由于滑阀式换向不可避免地存在泄漏,这种锁紧回路保持执行元件锁紧的时间不长,锁紧效果差。

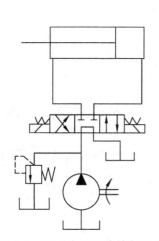

图 7.6 M 型中位机能锁紧回路

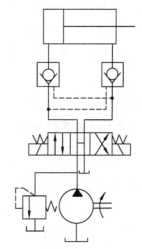

图 7.7 液控单向阀锁紧回路

2. 液控单向阀锁紧回路

图 7.7 所示为液控单向阀的锁紧回路,三位四通阀的中位采用 H 型滑阀机能(也可用 Y 型),系统处于中位时,泵打出的液压油全部回到油箱,液控单向阀此时只有单向阀的作

用,液压缸两腔的油被封住,起锁紧作用。这种锁紧回路可靠,常用于汽车起重机的支腿油路中,也用于矿山采掘机械液压支架的锁紧回路中。

第三节　压力控制回路

压力控制回路是利用压力控制阀来控制液压系统中管路内的压力,实现调压、稳压、减压、增压、卸荷等需要,以满足执行元件驱动负载的要求。

一、调压回路

调压回路是使液压系统或部分压力保持恒定或超过某一个压力值,在定量泵液压系统中,液压泵的供油压力可通过溢流阀调节。在变量泵液压系统中,用安全阀来限定系统的最高压力,防止系统过载。

1. 单级调压回路

如图7.8所示,在液压泵出口处并联溢流阀组成单级调压回路,控制液压系统的最高压力。

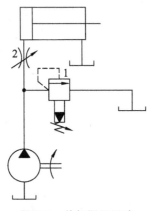

图7.8　单级调压回路

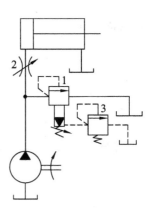

图7.9　远程调压回路

2. 远程调压回路

图7.9所示为远程调压回路。将远程调压阀3接在先导式主溢流阀1的远程控制口上,泵的出口压力即可由阀3调节。这里远程调压阀3仅作调节系统压力的作用,绝大部分油液仍由主溢流阀1流走。要实现远程调压,阀3调节的最高压力必须低于主溢流阀1的调定压力。

3. 多级调压回路

图7.10所示为三级调压回路,主溢流阀的远程控制口通过三位四通电磁换向阀4与溢流阀2、3相连,当三位四通阀在中位时系统压力由主溢流阀1控制,当三位四通阀左位工作时,系统压力由溢流阀2控制;当三位四通阀右位工作时,系统压力由溢流阀3控制。其中,溢流阀2、3调节的压力一定要小于主溢流阀1。

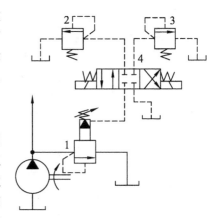

图7.10　多级调压回路

二、减压回路

1. 单级减压回路

图 7.11 所示为单级减压回路,溢流阀控制整个系统的压力,通过采用减压阀将系统中一支路进行减压,以实现低压回路的要求,如机床的夹紧或导轨润滑及液系统的控制油路常采用减压回路。

2. 二级减压回路

图 7.12 所示为一种二级减压回路,它是在先导式减压阀 2 的远程控制口上接入电磁换向阀 5 和溢流阀 3 来使减压回路获得两种预定的压力。在常态下,减压阀出口处的压力由先导式减压阀 2 调节;当换向阀 5 电磁铁得电时,减压阀 2 出口处的压力改由阀 3 所调定的较低压力值确定。阀 3 的调定压力值一定要低于阀 2 的调定压力值。

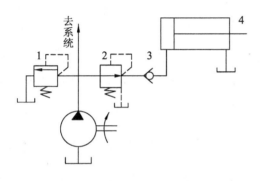

图 7.11 单级减压回路

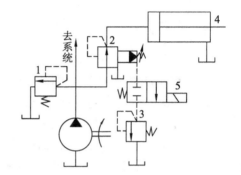

图 7.12 二级减压回路

三、增压回路

增压回路用来提高某一支路压力。采用增压回路后就可以用较低压力的液压泵来获得较高的工作压力,以节省能源。

1. 单作用增压缸增压回路

图 7.13 所示为采用单作用增压缸的增压回路。当电磁铁通电,二位四通电磁换向阀右位接入系统时,系统的供油压力 p_1 进入增压缸的大活塞腔,此时在小活塞腔可得到较高压力 $p_2 = \dfrac{A_1}{A_2} p_1$;当电磁铁失电,增压缸返回,辅助油箱中的油液经单向阀补入小活塞腔。因而该回路只能间歇增压,所以称之为单作用增压回路。

2. 双作用增压缸增压回路

图 7.14 所示为采用双作用增压器的增压回路,当工作缸 4 向左运动遇到较大负载时,系统压力升高,油液经顺序阀 1 进入双作用增压缸 2,增压缸活塞不论向左或向右运动,均能输出高压油,只要换向阀 3 不断切换,增压缸 2 就不断往复运动,高压油就连续经单向阀 7 或 8 进入工作缸 4 右腔,此时单向阀 5 或 6 有效地隔开了增压缸的高低压油路。工作缸 4 向右运动时增压回路不起作用。这种回路能连续输出高压油,适用于增压行程要求较长的场合。

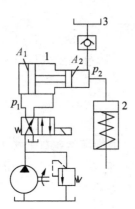

图 7.13 单作用增压缸增压回路

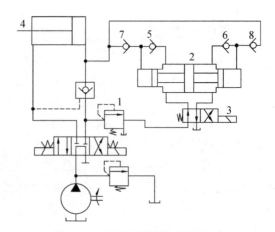

图 7.14 双作用增压缸增压回路

四、卸荷回路

当液压系统中的执行元件短时间停止工作(如测量工件或装卸工件)时,应使液压泵卸荷运转,以减小功率损失、减少油液发热、延长泵的使用寿命而又不必经常启闭电动机。功率较大的液压泵,应尽可能在卸荷状态下使电动机轻载启动。

1. 换向阀中位机能卸荷回路

主换向阀卸荷是利用三位换向阀的中位机能使泵和油箱连通进行卸荷。此时,换向阀的中位机能必须采用 M 型、H 型、K 型等。图 7.15 是采用 M 型中位机能的三位四通换向阀的卸荷回路,这种回路结构简单,但当压力较高、流量较大时容易产生冲击,故一般适用于压力较低和小流量的场合。

2. 二位二通换向阀卸荷回路

图 7.16 为采用二位二通单电控换向阀的卸荷回路。当系统工作时,二位二通电磁阀失电,切断液压泵出口与油箱之间的通道,泵输出的压力油进入系统。当工作部件停止运动时,二位二通电磁阀通电,泵输出的压力油直接流入油箱,液压泵卸荷。

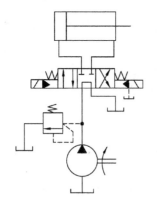

图 7.15 M 型中位机能卸荷回路

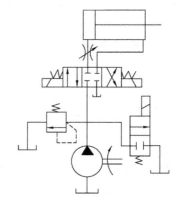

图 7.16 采用二位二通单电控换向阀的卸荷回路

3. 溢流阀卸荷回路

图 7.17 为采用溢流阀的卸荷回路,该回路先导式溢流阀 1 的远程口接入二位二通电磁

阀 2，电磁阀 2 与油箱相连。当系统需要卸荷时，二位二通电磁阀电磁铁通电，液压泵的输出油液通过溢流阀 1 远程口，经二位二通电磁阀 2 流回油箱。这种卸荷回路便于远程控制，同时二位二通电磁阀可选用小流量规格，这种方法卸荷比直接用二位二通电磁阀卸荷平稳。

4．双联泵卸荷回路

图 7.18 为采用双联泵的卸荷回路。外控式顺序阀 3 的控制压力由外部引入，它的出口直接接油箱，起卸荷作用，也称为卸荷阀。溢流阀 5 用于调定系统工作压力。在双泵供油液压系统中，当系统压力较低时，阀 3 和阀 5 都处于关闭状态，此时两液压泵同时向系统供油，实现快速运动。当进入工作阶段后，由于压力升高达到外控顺序阀 3 的调定压力，顺序阀 3 打开，使泵 1（低压大流量泵）卸荷。溢流阀 5 调定工作行程时的压力，当系统压力达到溢流阀 5 的调定压力时，溢流阀开始溢流。单向阀 4 的作用是防止高压小流量泵 2 的高压油流至低压大流量泵 1 中。

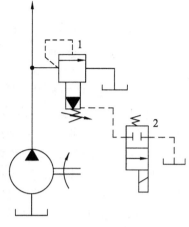

图 7.17 溢流阀卸荷回路

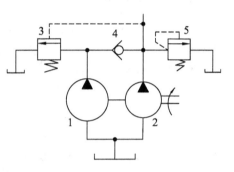

图 7.18 双联泵卸荷回路

五、保压回路

有些机械设备在工作过程中，常常要使液压执行元件在其行程终止时保持一段时间的压力，这时需要保压回路。保压回路可使系统在液压缸不动或仅有工件变形所产生的微小位移的情况下，稳定地维持住压力。

1．保压泵保压回路

在大流量的液压系统中，为了补偿泄漏，若依靠系统液压泵保压，将会造成很大的功率损失，所以有时采用专门的保压泵保压，如图 7.19 所示。保压泵的流量很小，在液压缸上腔保压时，压力继电器 6 发出信号，使主泵卸荷，保压泵 2 供油保压。

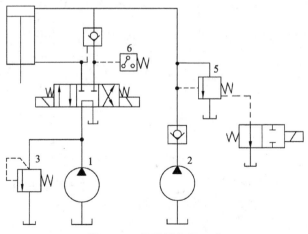

图 7.19 保压泵保压回路

2. 自动补油保压回路

图 7.20 所示为采用液控单向阀和电接触式压力表自动补油保压回路。当 1YA 得电,换向阀右位工作,液压缸上腔压力上升至压力表的上限值时,上触点接电,使电磁铁 1YA 失电,换向阀处于中位,液压泵卸荷,液压缸由液控单向阀保压。当液压缸上腔压力下降到预定下限值时,压力表又发出信号,使 1YA 得电,液压泵再次向系统供油,使压力上升,当压力达到上限值时,上触点又发出信号,使 1YA 失电。因此,该回路能自动向液压缸补充压力油,使其压力能长期保持在一定范围内。

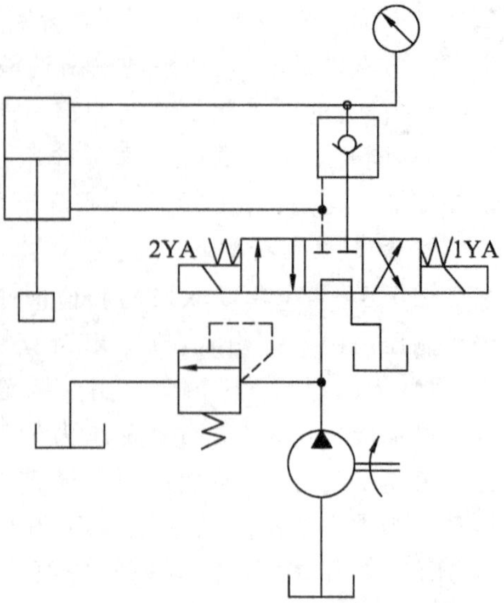

六、平衡回路

平衡回路用于防止垂直或倾斜放置的液压缸和与之相连的工作部件因自重而自行下落。

图 7.20 自动补油保压回路

1. 单向顺序阀平衡回路

图 7.21 是采用单向顺序阀的平衡回路。单向顺序阀的调定压力应稍大于工作部件自重在液压缸下腔形成的压力。当液压缸不工作时,单向顺序阀关闭,而工作部件不会自行下滑,液压缸上腔通压力油,当下腔背压力大于顺序阀的调定压力时,顺序阀开启。由于自重得到平衡,故不会产生超速现象。当压力油经单向阀进入液压缸下腔时活塞上行。这种回路停止时会由于顺序阀的泄漏而使运动部件缓慢下降,所以要求顺序阀的泄漏量要小,适用于工作部件重量不大、活塞锁住时定位精度要求不高的场合。

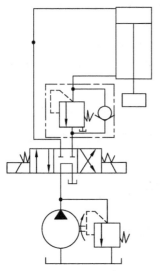

图 7.21 单向顺序阀平衡回路

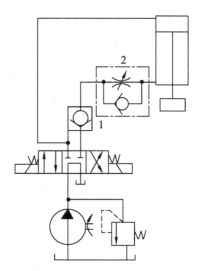

图 7.22 液控单向阀平衡回路

2. 液控单向阀平衡回路

图 7.22 为采用液控单向阀的平衡回路。当活塞下行时，控制压力油打开液控单向阀，背压消失，因而回路工作效率较高；当停止工作时，液控单向阀关闭以防止活塞和工作部件因自重而下降。这种平衡回路的优点是只有上腔进油时活塞才能下行，比较安全和可靠，缺点是活塞下行时平稳性较差。原因是活塞下行时液压缸上腔油压降低，将使液控单向阀关闭；当单向阀关闭时，因活塞停止下行，使液压缸上腔油压上升，又打开液控单向阀。因此，液控单向阀始终交替处于开启、关闭状态，因而影响工作的平稳性。这种回路适用于运动部件重量不大、停留时间较短的液压系统。

第四节 速度控制回路

速度控制回路用于调节和控制执行元件的运动速度。速度控制回路包括调速回路、快速运动回路、速度换接回路。

一、调速回路

假设输入执行元件的流量为 q，液压缸的有效面积为 A，液压马达的排量为 V_M，则液压缸的运动速度为

$$v = \frac{q}{A} \tag{7-1}$$

液压马达的转速为

$$n = \frac{q}{V_M} \tag{7-2}$$

由式(7-1)和式(7-2)可知，改变输入执行元件的流量 q（或液压马达的排量 V_M）就可以达到改变速度的目的。

调速回路有三种：

① 节流调速——定量泵供油，采用流量控制阀调节进入执行元件的流量以实现调速。
② 容积调速——采用变量泵或变量马达实现调速。
③ 容积节流调速——采用变量泵和流量阀联合调速。

1. 节流调速回路

节流调速回路在定量液压泵供油的液压系统中安装了流量阀，调节进入液压缸的流量，从而调节执行元件的运动速度。该回路结构简单，成本低，使用维修方便，但它的能量损失大，效率低，发热大，故一般用于小功率场合。

根据流量阀在油路中安装位置不同，可分为进油路节流调速、回油路节流调速、旁油路节流调速回路。

（1）进油路节流调速回路。

流量阀串联在执行元件进油路上的调速回路称为进油路节流调速回路，如图 7.23(a) 所示。回路工作时，液压泵输出的油液，经节流阀进入液压缸左腔，推动活塞向右运动，右腔的油液则流回油箱。液压缸左腔的油液压力 p_1 由作用在活塞上的负载阻力 F 的大小决定。进入液压缸的油液的流量 q_1 由节流阀调节，多余的油液 q_y 经溢流阀流回油箱。

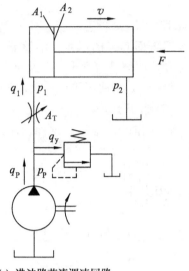
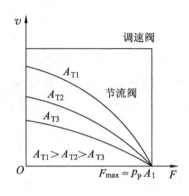

(a) 进油路节流调速回路　　　　　　　(b) 速度负载特性

图 7.23　进油路节流调速回路

分析进油路节流调速回路的特性，当活塞克服负载 F 运动时，其受力平衡方程为

$$p_1 \cdot A_1 = p_2 \cdot A_2 + F \tag{7-3}$$

式中，p_1 为液压缸进油腔压力，p_2 为液压缸回油腔压力，A_1 为液压缸无杆腔面积，A_2 为液压缸有杆腔面积。

若液压缸回油腔通油箱，则 $p_2 \approx 0$，所以

$$p_1 = \frac{F}{A_1} \tag{7-4}$$

液压泵输出压力为 p_P，若流经节流阀和管路的压力损失忽略不计，则节流阀前后的压力差 Δp 为

$$\Delta p = p_P - p_1 = p_P - \frac{F}{A_1} \tag{7-5}$$

液压缸的输出压力 p_P 在溢流阀调定后基本不变，所以节流阀前后的压力差将随负载 F 的变化而变化。

根据节流阀的流量特性，通过节流阀进入液压缸的流量 q_1 为

$$q_1 = K \cdot A_T \cdot \Delta p^m \tag{7-6}$$

将式(7-5)代入式(7-6)，得

$$q_1 = K \cdot A_T \cdot \left(p_P - \frac{F}{A_1}\right)^m \tag{7-7}$$

式中，A_T 为流量阀节流口通流截面积。

活塞的运动速度 v 为

$$v = \frac{q_1}{A_1} = K\frac{A_T}{A_1}\left(p_P - \frac{F}{A_1}\right)^m = K\frac{A_T}{A_1^{1+m}}(A_1 \cdot p_P - F)^m \tag{7-8}$$

式(7-8)称为节流阀进油路节流调速回路的速度负载特性，它反映了速度随负载的变化规律。若以活塞运动速度 v 为纵坐标，负载 F 为横坐标，将式(7-8)按节流阀不同的通流面

积 A_T 作图,可得一组曲线,称为进油节流调速回路的速度负载特性曲线,如图 7.23(b)所示。

速度负载特性曲线表明了速度随负载而变化的规律,曲线越陡,说明负载变化对速度的影响越大,即速度刚性差;曲线越平缓,刚性就好。从速度负载特性曲线可知:

① 当节流阀的通流面积不变时,活塞的运动速度随负载增加而下降,这种回路的速度负载特性较软。

② 节流阀通流面积不变时重载区域的速度刚性比轻载区域的速度刚性差。

③ 在相同负载下工作时,节流阀通流面积大的速度刚性要比通流面积小的速度刚性差,即速度越高,速度刚性越差。

④ 由式(7-8)可知,无论 A_T 为何值,当 $F=p_P \cdot A_1$ 时,节流阀两端压差 Δp 为零,活塞停止运动($v=0$),此时液压泵输出的流量全部经溢流阀流回油箱,所以该回路的最大承载值 $F_{max}=p_P \cdot A_1$。

由上述分析可知,进油节流回路不宜应用于负载较重、速度较高或者负载变化较大的场合。

在实际应用中,如果将节流调速回路中的节流阀用调速阀代替,回路的负载特性将大为提高。这是因为调速阀能在负载变化引起调速阀进出口压力差变化的情况下,保证调速阀中节流阀节流口两端的压差基本不变,如果此刻不改变调速阀开度大小,负载的变化对通过调速阀的流量几乎没有影响,因而回路的速度刚性能有较大提高,见图 7.23(b)。

(2) 回油路节流调速回路。

将流量阀安装在执行元件的回油路上,称为回油路节流调速回路。如图 7.24(a)所示,节流阀串接在液压缸与油箱之间。回油路上的节流阀控制液压缸回油的流量,也可间接控制进入液压缸的流量,所以同样能达到调速的目的。

不计管路中的损失,回油路节流调速时活塞的受力平衡方程为

$$p_1 \cdot A_1 = p_2 \cdot A_2 + F \tag{7-9}$$

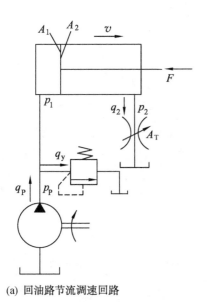
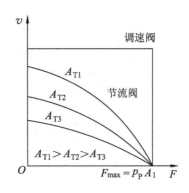

(a) 回油路节流调速回路　　　　　　　(b) 速度负载特性

图 7.24　回油路节流调速回路

式中 $p_1 = p_P$，所以

$$p_2 = \frac{A_1}{A_2} p_P - \frac{F}{A_2} \tag{7-10}$$

节流阀两端的压力差 $\Delta p = p_2 - 0 = p_2$，则

$$q_2 = K \cdot A_T \cdot \left(\frac{A_1}{A_2} p_P - \frac{F}{A_2}\right)^m \tag{7-11}$$

活塞的运动速度 v 为

$$v = \frac{q_2}{A_2} = K \frac{A_T}{A_2^{1+m}} (A_1 \cdot p_P - F)^m \tag{7-12}$$

比较式(7-8)和式(7-12)，可知回油路节流调速与进油路节流调速的速度负载特性完全相同，因此回油路节流调速也具备进油路节流调速的特点，但是这种回路仍有其特点：

① 回油路节流调速由于液压缸回油腔存在背压，功率损失大，但具有承受负值负载（与活塞运动方向相同的负载）的能力；而进油路节流调速，液压缸在负值负载作用下，会失控而造成前冲。

② 回流路节流调速在停车后，液压缸回油腔的油液会由于泄漏而形成空隙，在启动时液压泵输出的流量会全部进入液压缸，而使活塞造成前冲现象。而进油路节流调速回路中进入液压缸的流量总是受到节流阀的限制，因此可减小启动冲击。

③ 进油路节流调速比较容易实现压力控制，因为当工作部件碰到死挡铁后，液压缸的进油腔压力会上升到溢流阀的调定压力，利用这一压力变化值，可使压力继电器发出信号。而在回油路节流调速时，进油腔压力变化很小，不易实现压力控制。

如果用调速阀代替节流阀，同样可以提高回路的负载特性，见图 7.24(b)。

(3) 旁油路节流调速回路。

将流量阀装在与执行元件并联的支路上，称为旁油路节流调速回路，如图 7.25(a)所示。这种回路用节流阀调节流回油箱的流量，以控制进入液压缸的流量，达到节流调速的目的。在这个回路中溢流阀作为安全阀，起过载保护作用。安全阀的调定压力比最大负载所需的压力稍高。

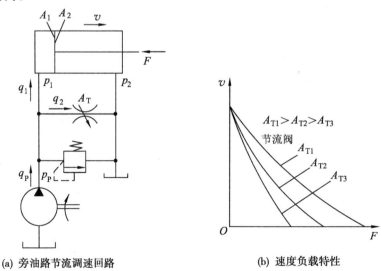

(a) 旁油路节流调速回路　　(b) 速度负载特性

图 7.25　旁油路节流调速回路

在旁路节流调速回路中,活塞的受力平衡方程为
$$p_1 \cdot A_1 = p_2 \cdot A_2 + F$$
式中 $p_2=0$,故
$$p_1 = \frac{F}{A_1} \tag{7-13}$$

因为 $p_1=p_P$,所以节流阀两端压力差 Δp 为
$$\Delta p = p_P = \frac{F}{A_1} \tag{7-14}$$

通过节流阀的流量 q_2 为
$$q_2 = K \cdot A_T \cdot \Delta p^m = K \cdot A_T \cdot \left(\frac{F}{A_1}\right)^m \tag{7-15}$$

进入液压缸的流量 q_1 为泵的输出流量 q_P 减去通过节流阀的流量 q_2,即
$$q_1 = q_P - q_2 = q_P - K \cdot A_T \cdot \left(\frac{F}{A_1}\right)^m \tag{7-16}$$

活塞的运动速度 v 为
$$v = \frac{q_1}{A_1} = \frac{q_P - K \cdot A_T \cdot \left(\frac{F}{A_1}\right)^m}{A_1} \tag{7-17}$$

图 7.25(b)为旁油路节流调速回路速度负载特性曲线。分析曲线可知,旁油路节流调速回路有如下特点:

① 开大节流阀开口,活塞运动速度减小;关小节流阀开口,活塞运动速度增大。

② 节流阀调定后(A_T 不变),负载增加时活塞运动速度减小,从速度负载特性曲线可以看出,其刚性比进、回油调速回路更软。

③ 当节流阀通过截面较大(工作机构运动速度较低)时,所能承受的最大载荷较小。同时,当载荷较大、节流开口较小时,速度受载荷的变化较小,所以旁油路节流调速回路适用于高速大载荷的情况。

④ 液压泵输出的油液压力随负载变化而变化,同时回路中只有节流功率损失,没有溢流功率损失,因此这种回路的效率高、发热小。

2. 容积调速回路

容积调速回路通过改变变量泵或变量马达排量以调节执行元件的运动速度。在容积调速回路中,液压泵输出的液压油全部进入液压缸或液压马达,无溢流损失和节流损失。而且液压泵的工作压力随负载变化而变化,因此,这种调速回路效率高,发热少,其缺点是变量液压泵结构复杂,价格较高。容积调速回路多用于工程机械、矿山机械、农业机械和大型机床等大功率调速系统中。

根据液压泵和执行元件组合方式不同,容积调速回路有以下三种形式:变量泵和定量液压马达(或液压缸)组成的调速回路、定量泵和变量液压马达组成的调速回路、变量泵和变量液压马达组成的调速回路。

(1) 变量泵和定量液压马达(或液压缸)组成的调速回路。

图 7.26 为变量泵 1 和液压缸 5 组成的容积调速回路。回路采用改变变量泵 1 的输出流量进行调速。工作时,溢流阀 2 作为安全阀,可以限定液压泵的最高工作压力。溢流阀 6

为背压阀。

工作时,改变变量泵 1 的排量,即可调节进入液压缸的流量,从而改变液压缸的输出速度 v。液压泵的排量为 V_P,转速为 n_P,输出功率为 P_P,负载产生的工作压力为 p_P,液压缸进油腔有效工作面积为 A_1,输出速度为 v,最大承载能力为 F_{max},输出功率为 P,则

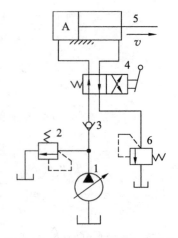

$$v = \frac{V_P \cdot n_P}{A_1} \quad (7\text{-}18)$$

$$P = P_P = p_P \cdot V_P \cdot n_P \quad (7\text{-}19)$$

$$F_{max} = p_P \cdot A_1 \quad (7\text{-}20)$$

从式(7-18)、式(7-19)、式(7-20)可知,改变液压泵的排量 V_P,液压缸的输出速度 v 可正比于 V_P(液压泵由电机带动,n_P 不变)变化。当不计系统压力损失时,液压缸的输出功率 P 与液压泵的输出功率相等,并正比于液压泵的排

图 7.26 变量泵和液压缸组成的容积调速回路

量。液压缸的最大承载能力为定值,所以此回路又叫恒推力容积调速回路。回路的调速特性如图 7.27(a)所示。

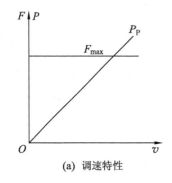
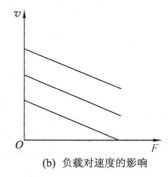

(a) 调速特性　　　　　　　　　　(b) 负载对速度的影响

图 7.27 变量泵和液压缸容积调速回路调速特性

在实际应用中,由于液压泵和液压缸的泄漏随负载增加和工作压力的升高而增大,使液压缸的实际输出速度明显降低,因此液压缸低速运动时的承载能力受到限制。其特性如图 7.27(b)所示。变量泵和液压缸容积调速回路常用于插床、拉床、压力机、推土机、升降机等大功率的液压系统中。

图 7.28 为变量泵 3 与定量液压马达 5 组成的容积调速回路。工作时,溢流阀 4 作为安全阀,起过载保护作用。溢流阀 6 用于调定辅助泵 1 的供油压力,补充系统泄漏的油液。

如果液压泵的排量为 V_P,泵输入转速为 n_P,泵的输出功率为 P_P,负载产生的工作压力为 p_P,液压马达的输出转速为 n_M,输出转矩为 T_M,输出功率为 P_M,若不考虑系统工作时的能量损耗,则它们之间有如下关系:

$$n_M = \frac{V_P}{V_M} n_P \quad (7\text{-}21)$$

$$P_M = P_P = p_P V_P n_P \quad (7\text{-}22)$$

$$T_M = \frac{p_P V_M}{2\pi} \quad (7\text{-}23)$$

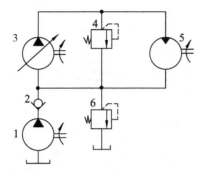 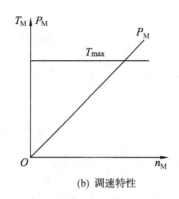

(a) 变量泵与定量液压马达组成的容积调速回路　　　　(b) 调速特性

图 7.28　变量泵与定量液压马达容积调速回路

由式(7-21)、式(7-22)、式(7-23)可知,液压泵 3 的转速 n_P 和液压马达 5 的排量 V_M 为常量,马达转速 n_M 和输出功率 P_M 与泵的排量 V_P 成正比,而马达的输出转矩 T_M 为定值且等于最大转矩 T_{Mmax},故此回路又叫恒转矩容积调速回路。回路特性曲线如图 7.28(b)所示。这种回路的调速范围取决于变量泵的流量调节范围,当回路中泵和马达都选用为双向泵和双向马达时,马达可以实现平稳地换向运动。它常应用于小型内燃机、液压起重机、船用绞车等处。

(2) 定量泵和变量液压马达组成的调速回路。

图 7.29(a)为定量泵 1 和变量马达 3 组成的容积调速回路,工作时,溢流阀 2 作为安全阀,起过载保护作用。溢流阀 5 用于调定辅助泵 4 的供油压力,补充系统泄漏的油液。

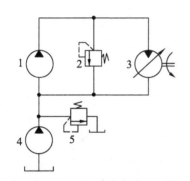 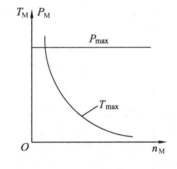

(a) 定量泵和变量液压马达容积调速回路　　　　(b) 调速特性

图 7.29　定量泵和变量液压马达容积调速回路

由于定量泵 1 的输出排量 V_P 不变,根据式(7-21),马达 3 转速 n_M 与马达排量 V_M 成反比变化,根据式(7-23),马达转矩 T_M 与马达的排量 V_M 成正比,故马达转矩 T_M 与马达转速 n_M 成反比。根据式(7-22),马达的输出功率 P_M 为定值且等于最大功率 P_{Mmax},故这种回路称为恒功率调速,其调速特性如图 7.29(b)所示。

在实际应用中,这种回路由于液压马达的转矩反比于自身的转速,同时考虑到系统泄漏及机械磨损对工作性能的影响,回路的实际调速范围较小,所以很少单独使用。

(3) 变量泵和变量液压马达组成的调速回路。

图 7.30(a)为双向变量泵和双向变量马达组成的容积调速回路。变量泵正向或反向供

油,马达即正向或反向旋转。单向阀 4 和 5 用于使补油辅助泵 3 双向补油,单向阀 6 和 7 使安全阀 8 在两个方向都能起过载保护作用。这种调速回路的调速范围大,而且调节变量泵的排量 V_P 和变量马达的排量 V_M 都可改变马达的转速。

一般工作部件在低速时要求有较大的转矩,在高速时要求有较大的功率。变量泵和变量马达组成的容积调速回路可以满足这些要求。

马达的转速 $n_M = \dfrac{V_P}{V_M} n_P$。这种系统在调速时,先将变量马达的排量 V_M 调为最大,变量泵的排量 V_P 调为最小,此时马达的转速最低。然后逐渐将泵的排量 V_P 调大,直至最大,马达转速亦随之升高,输出功率随之线性增加,而输出转矩保持最大不变,此时马达处于恒转矩调速状态。若要将马达的转速进一步提高,则可将马达的排量 V_M 由大调小,马达转速继续升高,此时输出转矩随之降低,而输出功率保持最大不变,此时马达处于恒功率调速状态。变量泵和变量马达组成的容积调速回路的调速特性曲线见图 7.30(b)。

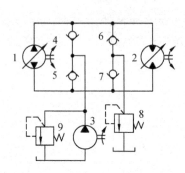
(a) 变量泵和变量液压马达容积调速回路

(b) 调速特性

图 7.30 变量泵和变量液压马达组成的调速回路

3. 容积节流调速回路

容积调速回路,虽然具有效率高、发热小的优点,但随着负载增加,容积效率将下降,于是速度发生变化,尤其低速时稳定性更差,因此有些机床的进给系统,为了减少发热并满足速度稳定性的要求,常采用容积节流调速回路。这种回路的特点是效率高,发热小,速度刚性比容积调速好。

图 7.31(a) 为限压式变量泵和调速阀组成的容积节流调速回路。调速阀装在进油路上,调节调速阀就可控制进入液压缸的流量。例如,减小调速阀的通流面积 A 到某一值,在关小节流开口的瞬间,泵的输出流量还未来得及改变,使 $q_P > q_1$,导致泵的出口压力增大,其反馈作用使变量泵的流量也自动减小到与调速阀的流量相一致;反之,将调速阀的通流面积增大到某一值,将出现 $q_P < q_1$,引起泵的出口压力降低,使其输出流量自动增大到 $q_P = q_1$。

图 7.31(b) 是限压式变量泵和调速阀容积节流调速的特性曲线。图中曲线 2 为限压式变量泵的压力-流量特性曲线,曲线 1 是调速阀在某开口时液压缸的压力-流量特性曲线。a 点为液压缸的工作点,此时通过调速阀进入液压缸的流量为 q_1,压力为 p_1,液压泵的工作点则在 b 点,泵的输出流量 q_P 与调速阀相适应均为 q_1,泵的工作压力为 p_P。如果限压式变量泵的限压螺钉调节得合理,在不计管路损失的情况下,可使调速阀保持最小稳定压差值,一般 $\Delta p = p_P - p_1 = 0.5\text{MPa}$。此时不仅活塞的运动速度不会随负载而变化,而且通过调速阀

的功率损失(图中阴影部分的面积)为最小,这种情况说明变量泵的限压值调得合理。

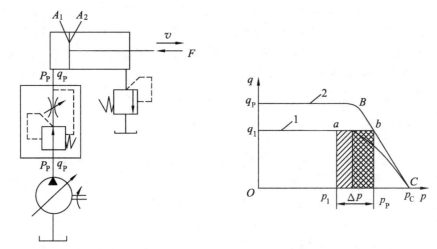

(a) 限压式容积节流调速回路　　　　(b) 限压式容积节流调速回路调速特性

图 7.31　限压式容积节流调速回路

二、快速运动回路

快速运动回路的功用在于使执行元件获得所需要的高速,以提高系统的工作效率或充分利用功率。实现快速运动的方法很多,下面介绍几种常用的回路。

1. 液压缸差动连接快速运动回路

图 7.32 是利用二位三通换向阀实现的液压缸差动连接的回路,当二位三通换向阀工作于右位时,单杆式液压缸形成差动连接,液压缸有杆腔的回油流量和液压泵输出的流量合在一起共同进入液压缸无杆腔,使活塞快速向右运动。

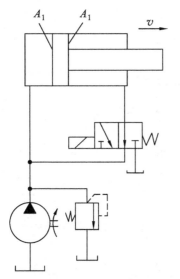
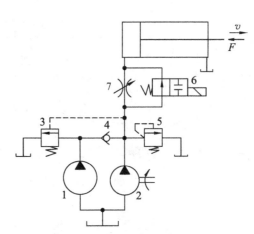

图 7.32　液压缸差动连接快速运动回路　　　　图 7.33　双泵供油快速运动回路

2. 双泵供油快速运动回路

图 7.33 为双液压泵供油回路。回路中的低压大流量液压泵 1 和高压小流量液压泵 2 并联，它们同时向系统供油时可实现液压缸的快速运动。进入工作行程时，系统压力升高，液控顺序阀（卸荷阀）打开使大流量液压泵卸荷，仅由小流量液压泵向系统供油，油缸的运动变为慢速进给。顺序阀 3 的调定压力至少应比溢流阀 5 的调定压力低 10%～20%。

双泵供油快速运动回路简单合理，回路效率较高，常用在执行元件快进和工进速度相差较大的场合。

3. 增速缸快速运动回路

如图 7.34 所示，增速缸由活塞缸和柱塞缸复合而成。当换向阀左位接入回路，压力油经柱塞孔进入增速缸小腔 1，推动活塞快速向右移动，活塞缸右腔的油液经换向阀回油箱。这时大腔 2 中产生部分真空，液控单向阀 3 被打开，油箱中的油液充入大腔 2 中。当执行元件接触工件后，负载增大，回路压力升高，顺序阀 4 开启，高压油关闭液控单向阀 3 并进入增速缸大腔 2，因活塞的有效面积增大，速度变慢，推力增加。当换向阀右位接入回路，压力油进入活塞缸右腔，同时打开液控单向阀 3，大腔的回油经液控单向阀 3 排回油箱，活塞快速向左退回。这种回路功率利用较合理，但油缸结构复杂，常用于液压机液压系统中。

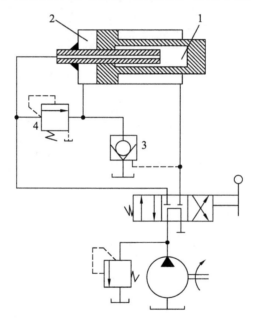

图 7.34 增速缸快速运动回路

三、速度换接回路

速度换接回路可使执行元件在一个工作循环中，从一种运动速度变换到另一种运动速度。

1. 快速与慢速的换接回路

（1）采用行程阀的快慢速换接回路。

图 7.35(a)为采用行程阀的快慢速换接回路。当换向阀处于图示位置时，节流阀不起

作用,液压泵输出的油液全部进入液压缸,此时液压缸活塞处于快速运动状态;当快进到预定位置,与工作台相连的行程挡块压下行程阀1(二位二通机动换向阀),行程阀关闭,液压缸右腔油液必须通过节流阀2后才能流回油箱,形成回油节流调速回路,活塞运动转为慢速工进。当换向阀左位接入回路时,液压泵输出的压力油全部经单向阀3进入液压缸右腔,使活塞快速向左返回,返回过程中将行程阀1放开。

这种回路在速度切换过程中,因行程阀是逐渐关闭或开启,所以平稳性好,冲击小,换接位置准确,换接可靠,但受结构限制行程阀安装位置不能任意布置,故管路连接较为复杂,能量损耗相对较大。因此多用于大批量生产的专用液压系统中。

(2) 采用电磁换向阀的快慢速换接回路。

图 7.35(b)是利用二位二通电磁阀与调速阀并联实现快速转慢速的回路。当图中电磁铁1YA、3YA同时通电时,液压泵输出的压力油经阀4全部进入液压缸左腔,缸右腔经主阀3回油,工作部件实现快进;当运动部件上的挡块碰到行程开关使3YA电磁铁断电时,阀4油路断开,调速阀5接入油路,压力油经调速阀5进入缸左腔,缸右腔回油,形成进油节流调速回路,在调速阀的作用下,工作部件以稳定的输出速度实现工进;当2YA、3YA同时通电时,液压泵输出的油液经主阀3全部进入液压缸的右腔,液压缸左腔油液经阀4和主阀3回油,工作部件实现快速退回。

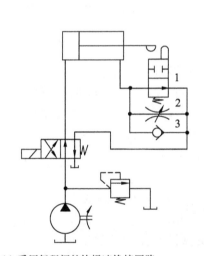
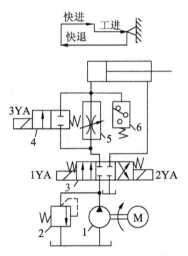

(a) 采用行程阀的快慢速换接回路　　(b) 采用电磁换向阀的快慢速换接回路

图 7.35　快慢速换接回路

2. 慢速与慢速的换接回路

(1) 串联调速阀慢速与慢速换接回路。

如图 7.36(a)所示为两个调速阀串联实现两种慢速间速度换接的回路,工作中,当二位二通电磁换向阀C处于常态位置(左位)时,液压泵输出的压力油通过调速阀A和阀C左位进入执行元件,执行元件的输出速度由调速阀A的开口决定;当电磁阀C通电时,液压泵输出的油液经调速阀A和B进入执行元件,此时执行元件的输出速度决定于阀A和B的共同作用而工作在较小的输出速度下。

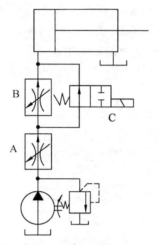
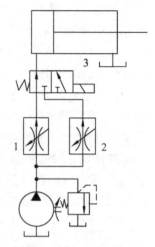

(a) 串联调速阀慢速与慢速换接回路　　　　(b) 并联调速阀慢速与慢速换接回路

图 7.36　两个调速阀并联实现两种慢速间速度换接的回路

在实际应用中,要求调速阀 B 的输出调定流量必须小于调速阀 A 的调定流量,否则调速阀 B 在工作时起不到调速的作用。这种速度换接回路的优点是换接过程相对比较稳定,但在较小速度下工作时,因为压力油液流经了 A、B 两个调速阀,产生两次压降,所以能量损耗较大,系统的工作效率较低。

(2) 并联调速阀慢速与慢速换接回路。

如图 7.36(b)所示为两个调速阀并联实现两种慢速间速度换接回路。工作时,当二位三通换向阀 3 处于图示常态位置时,液压泵的输出油液经调速阀 1 和换向阀 3 的左位进入液压缸,此时执行元件的输出速度决定于调速阀 1 的调定流量,调速阀 2 出口封闭,处于空置状态,不参与工作;当电磁阀 3 通电工作于右位时,液压泵输出油液经调速阀 2 和换向阀 3 右位进入液压缸,执行元件的输出速度决定于调速阀 2 的调定流量,而调速阀 1 出口封闭,处于空置状态,不参与工作。

这种回路两个进给速度可以分别进行调整,互不影响,且回路的压力损失较小,但由于不工作的调速阀中定差减压阀处于最大开口位置,因而在速度转换瞬间,调速阀中定差减压阀不起作用,造成通过调速阀的流量过大而使执行元件在速度换接时工作部件突然前冲。所以在实际应用中,常常用二位五通换向阀代替二位三通换向阀,让空置的调速阀出口通过五通阀与油箱相连通,使调速阀内部的定差减压阀始终处于工作状态,这样改进在一定程度上可防止或消除速度换接时的冲击,但由于空置的调速阀中有油液流动,形成了一定的能量损耗,造成系统的工作效率降低,所以这种并联的二次进给速度换接回路应用相对较少。

第五节　多缸控制回路

用一个液压泵驱动两个或两个以上的液压缸(或液压马达)工作的回路,称为多缸工作控制回路,一般要求这些液压缸(或液压马达)按一定顺序动作或同步动作。

一、顺序动作回路

顺序动作回路是使多个执行元件严格按照预定顺序依次动作。按控制方式的不同,可分为行程控制回路、压力控制回路和时间控制回路。

1. 行程控制的顺序动作回路

(1) 行程阀控制的顺序动作回路。

如图 7.37(a)所示,在图示状态,两液压缸活塞均退至左端点。当电磁铁得电,电磁阀 3 左位工作,缸 1 活塞先向右运动,当挡块压下行程阀 4 后,缸 2 活塞开始向右运动;电磁铁失电,电磁阀 3 右位工作,缸 1 活塞先退回,其挡块离开行程阀 4 后,缸 2 活塞才退回。这种回路动作可靠,但要改变动作顺序较困难;管路长,布置麻烦,且电气线路比较复杂,回路的可靠性取决于电器元件的质量。

(2) 行程开关控制的顺序动作回路。

如图 7.37(b)所示,在图示状态,两液压缸活塞均退至左端点。按启动按钮,电磁铁 1YA 得电,换向阀左位工作,缸 1 活塞向右运动,当活塞杆上的挡块压下行程开关 2S 后,使电磁铁 2YA 得电,缸 2 活塞向右运动,直到压下行程开关 3S,使 1YA 失电,缸 1 活塞向左退回,而后压下行程开关 1S,使 2YA 失电,缸 2 活塞再退回。回路中,调整挡块位置可调整液压缸的行程,通过电器系统设计可任意改变动作顺序。

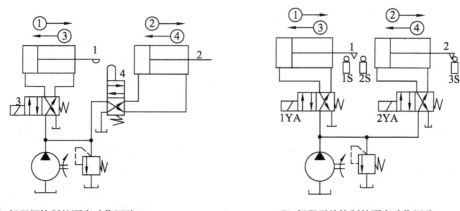

(a) 行程阀控制的顺序动作回路　　　　(b) 行程开关控制的顺序动作回路

图 7.37　行程控制的顺序动作回路

2. 压力控制的顺序动作回路

(1) 顺序阀控制的顺序动作回路。

图 7.38(a)为顺序阀控制的顺序动作回路。在此工作回路中,夹紧液压缸 1 和工作油缸 2 要完成的动作顺序为:① 夹紧缸 1 夹紧工件 → ② 工作油缸 2 进给 → ③ 工作油缸 2 退回 → ④ 夹紧缸 1 松开工件。回路的工作过程如下:回路工作前,夹紧缸 1 和进给缸 2 均处于起点位置,当换向阀 5 左位接入回路时,夹紧缸 1 的活塞向右运动用夹具夹紧工件,工件被夹紧后会使回路压力升高到顺序阀 3 的调定压力,阀 3 开启,此时缸 2 活塞向右运动进行切削加工;加工完毕,使换向阀 5 右位接入回路,缸 2 活塞先退回到左端后,引起回路压力升高,使阀 4 开启,缸 1 活塞退回原位将工件松开,完成整个多缸顺序动作循环。

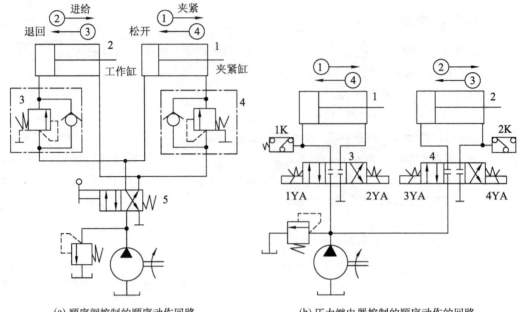

(a) 顺序阀控制的顺序动作回路　　　　(b) 压力继电器控制的顺序动作的回路

图 7.38　压力控制的顺序动作回路

（2）压力继电器控制的顺序动作的回路。

图 7.38(b)为用压力继电器控制电磁换向阀实现的顺序动作的回路。按启动按钮，电磁铁 1YA 得电，电磁换向阀 3 的左位接入回路，缸 1 活塞前进到右端点后，回路压力升高，压力继电器 1K 发出电信号，使电磁铁 3YA 得电，电磁换向阀 4 的左位接入回路，缸 2 活塞向右运动；按返回按钮，1YA、3YA 同时失电，且 4YA 得电，使阀 3 中位、阀 4 右位接入回路，导致缸 1 锁定在右端位置、缸 2 活塞向左运动，当缸 2 活塞退回原位后，回路压力升高，压力继电器 2K 发出电信号，使 2YA 得电，阀 3 右位接入回路，缸 1 活塞后退直至起点。

这种利用液压系统工作过程中运动状态变化引起压力变化使执行元件按顺序先后动作的回路称为压力控制顺序动作回路。压力控制顺序动作回路的可靠性取决于顺序阀的性能及调定压力，在实际应用中，要求顺序阀的调定压力比前一个动作的工作压力高 0.8～1.0MPa，否则顺序阀会在系统压力脉动变化时产生误动作，因此，这种回路只适用于系统中执行元件数目不多、负载变化不大的场合。其特点是动作灵敏，连接安装较方便，但可靠性不高，换接精度较低。

二、同步回路

在多缸工作的液压系统中，常常会要求两个或两个以上的执行元件同时运动，并要求它们运动过程中克服负载、摩擦阻力、泄漏、制造精度和结构变形上的差异，维持相同的速度或相同的位移。

1. 采用补偿装置串联液压缸同步回路

图 7.39 为采用补偿装置的串联液压缸同步回路。缸 5 和缸 6 均为双活塞杆缸，两缸规格完全一样，故两缸的有效面积相等。在活塞下行过程中，如液压缸 5 先运动到底，触动行程开关 1S 发出信号，使电磁铁 3YA 得电，此时压力油便经三位四通电磁换向阀左位、液控

单向阀 4 向液压缸 6 的上腔补油,使液压缸 6 的活塞继续运动到底。如果液压缸 6 先运动到底,触动行程开关 2S 发出信号,使电磁铁 4YA 得电,此时压力油便经三位四通电磁换向阀右位使液控单向阀 4 反向导通,液压缸 5 下腔油液通过液控单向阀 4 和三位四通电磁换向阀右位回油,使缸 5 的活塞继续运动到底。

2. 调速阀控制同步回路

图 7.40 为调速阀控制同步回路,两缸并联连接。由于调速阀调节流量不受外负载影响,可保持流量稳定,所以只需仔细调节调速阀的开口大小,就能使两个液压缸保持同步。这种回路结构简单,但调整比较麻烦,同步精度不高。

同步回路也可采用分流集流阀,如图 7.41 所示。在回路中,用分流集流阀 3(又叫同步阀)代替调速阀来控制两液压缸的进入或流出的流量,当三位四通换向阀 1 左位进入工作状态时,液压泵输出的油液经阀 1、单向节流阀 2 和分流阀 3 后,分成两股等量的油液分别进入液压缸 5 和 6 的下腔,推动两活塞同步上移,回路中的单向节流阀 2 用来控制活塞的下降速度,液控单向阀 4 是防止活塞停止时因两缸负载不同而通过分流阀内的节流孔窜油。因分流集流阀具有良好的偏载承受能力,可使两液压缸在承受不同负载时仍

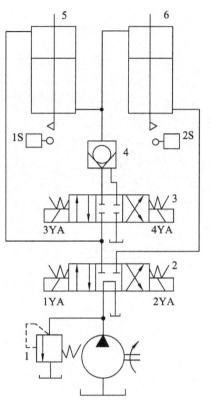

图 7.39 采用补偿装置串联液压缸同步回路

能实现速度同步。这种回路由于同步作用靠分流阀自动调整,结构简单,对负载的适应性强,使用较为方便,故得到广泛的应用,但效率低,压力损失大,所以不宜用于低压系统。

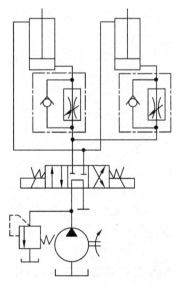

图 7.40 调速阀控制同步回路

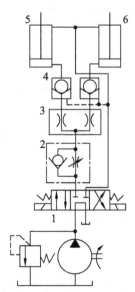

图 7.41 分流集流阀同步回路

三、互不干扰回路

在多缸液压系统中，往往会出现由于一个液压缸转为快速运动的瞬间，吸入大量油液，造成整个系统的压力下降，影响其他液压缸的运动平稳性。因此，在速度平稳性要求较高的多缸液压系统中，经常采用互不干扰回路，防止系统中的多个执行元件在各自工作过程中彼此互相影响。

图 7.42 为双泵供油多缸快慢速互不干扰回路。液压缸 1 和 2 各自要完成"快进—工进—快退"的工作循环。当电磁铁 1YA、2YA 得电，两缸均由双联泵中的大流量泵 10 供油，并作差动连接实现快进。如果缸 1 先完成快进动作，挡块和行程开关使电磁铁 3YA 得电，1YA 失电，泵 10 进入缸 1 的油路被切断，而改为小流量泵 9 供油，由调速阀 7 控制慢速工进，不受缸 2 快进的影响。当两缸均转为工进、都由小泵 9 供油后，若缸 1 先完成了工进，电磁铁 1YA、3YA 都得电，缸 1 改由大泵 10 供油，使活塞快速返回，这时缸 2 仍由泵 9 供油继续完成工进，不受缸 1 影响。当所有电磁铁都失电时，两缸都停止运动。

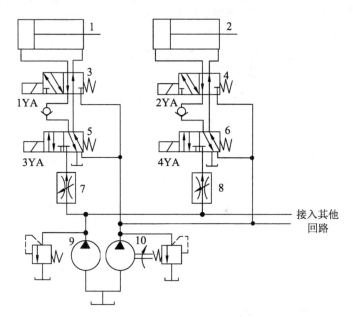

图 7.42 双泵供油多缸快慢速互不干扰回路

第六节 其他控制回路

一、蓄能器回路

蓄能器可以储存液体的压力能，需要时向回路提供液压油，完成执行元件的某些动作，也可作为应急动力源或辅助动力源，减小系统的能量损耗。

1. 蓄能器作辅助动力源回路

图 7.43(a)为采用蓄能器作辅助动力源回路，当液压缸活塞慢进或保压时，液压泵输出的一部分油液进入蓄能器储存，系统压力达一定数值时，压力继电器动作，停止电机和泵运

转；当缸需快速运动时，蓄能器向液压缸供油，系统压力降至一定数值时，使泵重新投入运行。该回路可采用小流量泵，节省功率，适用于执行元件间歇工作或工作循环中速度差较大的场合。

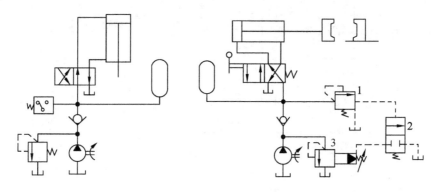

(a) 蓄能器作辅助动力源回路　　　(b) 蓄能器补偿泄漏和保持恒压回路

图 7.43　蓄能器回路

2. 蓄能器补偿泄漏和保持恒压回路

图 7.43(b) 为采用蓄能器补偿泄漏和保持恒压的回路。蓄能器压力达一定数值后，通过顺序阀 1，液动换向阀 2 控制溢流阀 3 使泵卸载，靠蓄能器补充液压缸泄漏并保持恒定压力，该回路功率利用合理，适用于执行元件长时间不动而保持恒定压力的场合。

二、液压马达补油回路

当液压马达停止运转（停止供油）时，由于惯性，它多少会继续转动一点，因此，在马达入口处无法供油，造成真空现象。如图 7.44 所示，在马达入口及回油管路上各安装一个开启压力较低（小于 0.05MPa）的单向阀，当马达停止时，压力油由油箱经此单向阀送到马达入口以补充缸油。

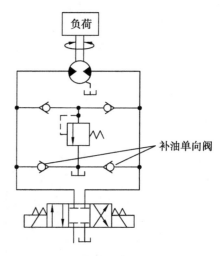

图 7.44　液压马达补油回路

 复习与思考

1. 如图 7.45 所示的液压系统能实现"快进→工进→快退→停止→卸荷"的自动控制要求。

(1) 在不影响上述自动循环和系统性能的前提下，精简多余的液压元件。

(2) 分析系统由哪些液压基本回路构成。

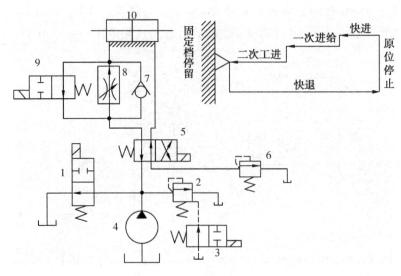

图 7.45　自动控制液压系统

2. 图 7.46 所示为镗孔组合机床的液压系统图。
(1) 说出序号为 3、4、7、10 的液压元件在系统中的作用。
(2) 根据图示的工作循环要求,填写电磁铁的动作顺序。
(3) 写出工进时的进油路线和回油路线。

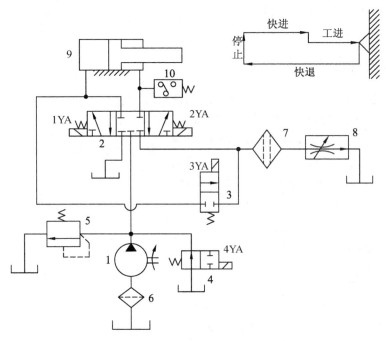

图 7.46　镗孔组合机床的液压系统图

电磁动作	1YA	2YA	3YA	4YA
快进				
工进				
快退				
停止				

第八章 典型液压传动系统

液压传动系统是根据机械设备的工作要求,选用适当的液压回路组合而成的。分析和阅读较复杂的液压系统图,大致可分为以下几个步骤:

(1) 了解设备对液压系统的动作要求。

(2) 逐步浏览整个系统,了解系统(回路)由哪些元件组成,再以各个执行元件为中心,将系统分成若干个子系统。

(3) 对每一执行元件及其由关联的阀件等组成的子系统进行分析,并了解此子系统包含哪些基本回路。然后再根据此执行元件的动作要求,参照电磁线圈的动作顺序表读懂此子系统。

(4) 根据液压设备中各执行元件间互锁、同步、防干扰等要求,分析各子系统之间的关系,并进一步读懂系统中是如何实现这些要求的。

(5) 全面读懂整个系统后,最后归纳总结整个系统的特点,以加深对整个液压系统的理解。

第一节 组合机床动力滑台液压系统

一、概述

液压动力滑台是组合机床上用以实现进给运动的一种通用部件,其运动由液压缸驱动。动力滑台液压系统是一种以速度变化为主的典型液压系统。

1. 功用

液压动力滑台台面上可安装各种用途的切削头和工件,以完成钻、扩、铰、镗、铣、车、刮端面、攻螺纹等工序的机械加工,并能按多种进给方式实现自动工作循环。

2. 典型工作循环

图8.1所示为动力滑台液压系统。该液压动力滑台的典型工作循环为:快进→一工进→二工进→止挡块停留→快退→原位停止。

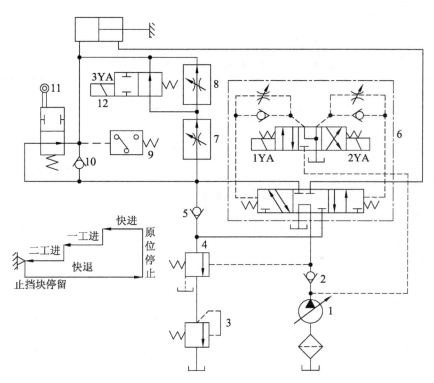

图 8.1　YT4543 型动力滑台液压系统原理图

3. 系统元件和功用

元件 1 为限压式变量叶片泵,供油压力不大于 6.3MPa,与调速阀一起组成容积节流调速回路。

元件 2、5、10 均为单向阀,2 起防止油液倒流,保护液压泵的作用,5 构成快进阶段的差动连接,10 实现快退时的单向流动。

元件 6 为由两个阀组成的三位五通电液动换向阀。主阀为三位五通液动换向阀;先导阀为三位四通电磁换向阀。该组合阀控制液压缸的运动方向。

元件 3 是溢流阀,串接在回油路上,可调定回油路的背压,以提高液压系统工作时的运动平稳性。

元件 7、8 为调速阀,串接在液压缸进油管路上,为进油节流调速方式。两阀分别调节第一次工作进给和第二次工作进给的速度。

元件 12 为二位二通电磁换向阀,与调速阀 8 并联,用于换接两种不同进给速度。当电磁铁 3YA 断电时,调速阀 8 被短接,实现第一次工进;当电磁铁 3YA 通电时,调速阀 7 与调速阀 8 串接,实现第二次工进。

元件 11 为二位二通机动换向阀,与调速阀 7、8 并联,用于液压缸快进与工进的换接。当行程挡块没有被压到时,压力油经此阀进入液压缸,实现快进;当行程挡块被压下时,压力油只能通过调速阀进入液压缸,实现工进。

元件 9 是压力继电器,它装在液压缸工作进给时的进油腔附近。当工作进给结束,碰到固定挡铁停留时,进油路压力升高,压力继电器动作,发出快退信号,使电磁铁 1YA 失电,2YA 得电,液压缸开始做反向运动。

4. 电磁铁动作顺序

电磁铁动作顺序如表 8.1 所示

表 8.1 电磁铁、行程阀和压力继电器动作表

工作循环	电磁铁			行程阀	压力继电器
	1YA	2YA	3YA		
快进	+	−	−	−	−
一工进	+	−	−	+	−
二工进	+	−	+	+	−
止挡块停留	+	−	+	+	+
快退	−	+	−	±	±
原位停止	−	−	−	−	−

二、YT4543 型动力滑台液压系统工作原理分析

1. 快进

如图 8.1 所示,按下启动按钮,电磁铁 1YA 得电,电液换向阀 6 的先导阀阀芯向右移动,从而引起主阀芯向右移,使其左位接入系统,形成差动连接。其主油路如下:

进油路:泵 1→单向阀 2→换向阀 6 左位→行程阀 11 下位→液压缸左腔。

回油路:液压缸右腔→换向阀 6 左位→单向阀 5→行程阀 11 下位→液压缸左腔。

2. 第一次工作进给

当滑台快速运动到预定位置时,滑台上的行程挡块被压下行程阀 11 的阀芯,切断该通道,压力油须经调速阀 7 进入液压缸左腔。此时由于负载增加,致使系统压力上升,打开液控顺序阀 4。此时,单向阀 5 的上部压力大于下部压力,所以单向阀 5 关闭,切断液压缸的差动回路,回油经液控顺序阀 4 和背压阀 3 流回油箱,从而使滑台转换为第一次工作进给,其主油回路如下:

进油路:泵 1→单向阀 2→换向阀 6 左位→调速阀 7→换向阀 12 右位→液压缸左腔。

回油路:液压缸右腔→换向阀 6 左位→顺序阀 4→背压阀 3→油箱。

因为工作进给时,系统压力升高,所以变量泵 1 的输油量自动减小,以适应工作进给的需要。其中,进给量大小由调速阀 7 调节。

3. 第二次工作进给

第一次工作进给结束后,行程挡块压下行程开关,使 3YA 得电,二位二通换向阀将通路切断,进油必须经调速阀 7 和调速阀 8 才能进入液压缸,此时,由于调速阀 8 的开口量小于调速阀 7,因此进给速度再一次降低,其他油路情况同第一次工作进给。

4. 止挡块停留

当滑台工作以第二次工作进给前进,碰到止挡块后,停留在此处,同时,系统压力升高,当升高到压力继电器9的调定压力值时,压力继电器动作,经过时间继电器的延时,再发出信号使滑台返回,滑台的停留时间可由时间继电器在一定范围内调整。

5. 原位停止

当滑台退回原位时,行程挡块压下行程开关,发出信号,使2YA断电,换向阀6处于中位,液压缸失去液压动力源,滑台停止运动。液压泵输出的油液经换向阀6的中位直接回油箱,泵卸荷。

三、YT4543型动力滑台液压系统的特点

YT4543型动力滑台液压系统具有如下特点:

(1) 系统采用了限压式变量叶片泵和调速阀组成的容积节流调速回路,且在回油路上设置背压阀,能获得较好的速度刚性和运动平稳性,并可减少系统的发热。

(2) 采用电液动换向阀的换向回路,发挥了电液联合控制的优点,而且主油路换向平稳、无冲击。

(3) 采用液压缸差动连接的快速回路,简单可靠,能源利用合理。

(4) 采用行程阀和液控顺序阀,实现快进和工进速度的换接,使速度转换平稳、可靠且位置准确。采用两个串联的调速阀及用行程开关控制的电磁换向阀实现两种工进的速度转换。由于进给速度较低,故能保证换接的精度和平稳性的要求。

(5) 采用压力继电器发信号,控制滑台反向退回,方便可靠。

第二节 冲床液压系统

一、概述

钣金冲床能改变上、下模的形状,可进行压形、剪断、冲穿等工作。如图8.2所示为180吨钣金冲床液压系统回路,动作过程为压缸快速下降→压缸慢速下降(加压成型)→压缸暂停(降压)→压缸快速上升。

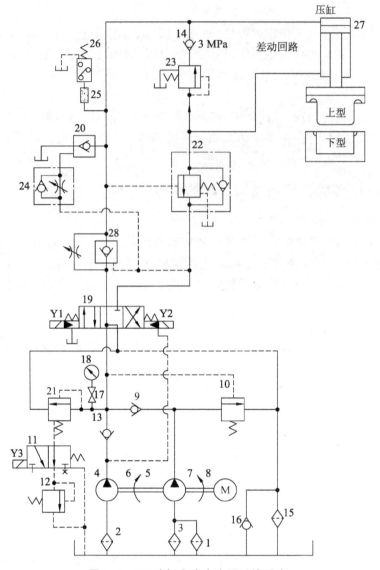

图 8.2　180 吨钣金冲床液压系统回路

二、180 吨钣金冲床液压系统的工作原理

下面对 180 吨钣金冲床液压系统的油路进行分析。

1. 压缸快速下降

按下启动按钮，Y1、Y3 得电，压缸快速下降，此时，进油管路压力低，未达到顺序阀 22 所设定的压力，故压缸下腔压力油再回压缸上腔，形成差动连接回路。进回油路线如下：

进油路：泵 4、泵 5→电磁阀 19 左位→液控单向阀 28→压缸上腔。

回油路：压缸下腔→顺序阀 23→单向阀 14→压缸上腔。

2. 压缸慢速下降

当压缸上模碰到工件进行加压成型，进油管路压力升高，使顺序阀 22 打开。进回油路线如下：

进油路：泵 4→电磁阀 19 左位→液控单向阀 28→压缸上腔。
回油路：压缸下腔→顺序阀 22→电磁阀 19 左位→油箱。

同时回油为一般油路，卸荷阀 10 被打开，泵 5 的压油以低压状态流回油箱，送到压缸上腔的油仅由泵 4 供给，故压缸速度减慢。

3. 压缸暂停（降压）

当上模加压成型时，进油管路压力达到 20MPa，压力开关 26 动作，Y1、Y3 断电，电磁阀 19、电磁阀 11 恢复正常位置。此时，压缸上腔压油经节流阀 24、电磁阀 19 中位流回油箱，如此，可使压缸上腔压油压力下降，同时，防止了压缸在上升时上腔油压由高压变成低压而发生的冲击、振动等现象。

4. 压缸快速上升

当降压完毕后（通常为 0.5～0.7s，视阀的容量而定），Y2 得电。进回油路线如下：
进油路：泵 4、泵 5→电磁阀 19 右位→顺序阀 22→压缸下腔。
回油路：压缸上腔→液控单向阀 20→油箱。
液控单向阀 28→电磁阀 19 右位→油箱（两路）。

因此时泵 4 和泵 5 同时供给压缸的下腔，故压缸快速上升。

三、180 吨钣金冲床液压系统的特点

180 吨钣金冲床液压系统包含差动回路、平衡回路（或顺序回路）、降压回路、二段压力控制回路、高压和低压泵回路等基本回路。该系统有以下特点：

（1）当压缸快速下降时，下腔回油由顺序阀 23 形成背压，以防止压缸自重产生失速等现象。同时，系统又采用差动回路，泵流量可以比较小，亦为一节约能源的回路。

（2）当压缸慢速下降做加压成型时，顺序阀 22 由于外部引压被打开，压缸下腔压油几乎毫无阻力地流回油箱。因此，在加压成型时，上型模重量可完全加在工件上。

（3）在上升之前作短暂时间的降压，可防止压缸上升时产生振动、冲击现象，100 吨以上的冲床尤其需要降压。

（4）当压缸上升时，有大量压油要流回油箱，回油时，一部分压油经液控单向阀 20 流回油箱，剩余压油经电磁阀 19 中位回油箱。电磁阀 19 可选用额定流量较小的阀件。

（5）当压缸下降时，系统压力由溢流阀 10 控制；上升时，系统压力由遥控溢流阀 12 控制。这样可使系统产生的热量减少，防止了油温上升。

第三节　MJ-50 型数控车床液压系统

一、概述

数控车床是目前使用较广泛的数控机床，主要用于轴类和盘类回转体零件的加工，能自动完成内外圆柱面、锥面、圆弧、螺纹等工序的切削加工，并能进行切槽、钻、扩、铰孔等工作，特别适宜于复杂形状零件的加工。MJ-50 数控车床是两坐标连续控制的卧式车床，其卡盘的夹紧与松开、卡盘夹紧力的高低压转换、回转刀架的松开与夹紧、刀架刀盘的正转反转、尾坐套筒的伸出与退回都是由液压系统驱动的，液压系统中各电磁阀电磁铁的动作是

由数控系统的 PLC 控制实现的。

图 8.3 是 MJ-50 数控车床液压系统原理。机床的液压系统采用单向变量液压泵供油，系统压力调整至 4MPa，由压力表 14 显示。压力油经过单向阀进入控制油路。

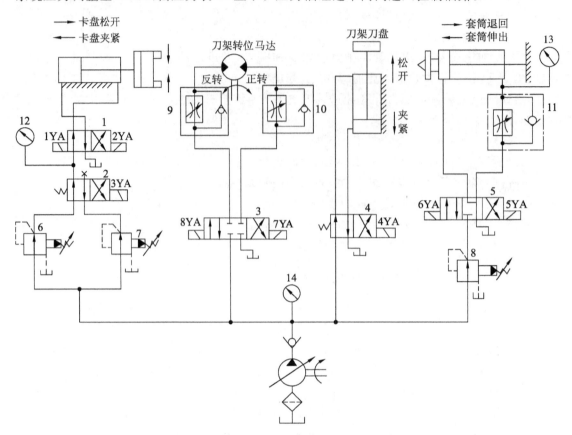

图 8.3　MJ-50 数控车床液压系统原理

二、MJ-50 数控车床液压系统原理分析

1．卡盘的夹紧与松动

主轴卡盘的夹紧与松开，由电磁阀 1 控制。主轴卡盘的高压夹紧与低压夹紧的转换，由电磁阀 2 控制。

当卡盘处于正卡（也称外卡）且在高压夹紧状态下，夹紧力的大小由减压阀 6 来调整，由压力表 12 显示卡盘压力。当 3YA 断电，电磁阀 2 左位工作，1YA 通电，电磁阀 1 左位工作时，系统油液回路为：压力油经减压阀 6→电磁阀 2→电磁阀 1→液压缸右腔；液压缸左腔的油液经电磁阀 1 直接回油箱。活塞杆左移，卡盘夹紧。反之，当 3YA 断电，电磁阀 2 左位工作，2YA 通电，电磁阀 1 右位工作时，系统油液回路为：压力油经减压阀 6→电磁阀 2→电磁阀 1→液压缸左腔；液压缸右腔的油液经电磁阀 1 直接回油箱。活塞杆右移，卡盘松动。

当卡盘处于正卡且在低压夹紧状态下，夹紧力的大小由减压阀 7 来调整。当 1YA、3YA 通电时，系统压力油经减压阀 7→电磁阀 2（右位）→电磁阀 1（左位）→液压缸右腔，卡盘夹紧。反之，当 2YA、3YA 通电时，系统压力油经减压阀 7→电磁阀 2（右位）→电磁阀 1

(右位)→液压缸左腔,卡盘松开。

2. 回转刀架动作

机床换刀时,回转刀架刀盘松开,然后刀盘转位到达指定的刀位,最后刀盘复位再夹紧。

刀盘的夹紧与松开,由电磁阀4控制。刀盘的旋转有正转、反转两个方向,由电磁阀3控制,其旋转速度分别由单向调速阀9和10控制。

当4YA通电时,电磁阀4右位工作,刀盘松开。这时8YA通电,系统压力油经电磁阀3(左位)→调速阀9→液压马达,刀架正转;若7YA通电,系统压力油经电磁阀3(右位)→调速阀10→液压马达,刀架反转。当4YA断电时,电磁阀4左位工作,刀盘夹紧。

3. 尾座套筒伸缩动作

尾座套筒的伸出与退回由电磁阀5控制。

当6YA通电,电磁阀5左位工作时,系统回路为:压力油经减压阀8→电磁阀5→液压缸左腔;液压缸右腔油液经单向调速阀11→电磁阀5回油箱,套筒伸出。套筒伸出工作时的预紧力大小通过减压阀8来调整,并由压力表13显示,伸出速度由单向调速阀11控制。反之,当5YA通电,电磁阀5右位工作时,系统回路为:压力油经减压阀8→电磁阀5→单向调速阀11→液压缸右腔,套筒退回。这时液压缸左腔的油液经电磁阀5直接回油箱。

表8.2为MJ-50数控车床液压系统电磁铁动作顺序表。

表8.2 MJ-50数控车床液压系统电磁铁动作顺序表

动作顺序			1YA	2YA	3YA	4YA	5YA	6YA	7YA	8YA
卡盘正卡	高压	夹紧	+	−	−					
		松开	−	+	−					
	低压	夹紧	+	−	+					
		松开	−	+	+					
卡盘反卡	高压	夹紧	−	+	−					
		松开	+	−	−					
	低压	夹紧	−	+	+					
		松开	+	−	+					
回转刀架	刀架正转								−	+
	刀架反转								+	−
	刀盘松开					+				
	刀盘夹紧					−				
尾座	套筒伸出						−	+		
	套筒退回						+	−		

注:"＋"表示电磁铁通电,"−"表示电磁铁断电。

三、MJ-50数控车床液压系统的特点

(1)系统采用变量叶片泵供油,减少了能量损失。

(2)系统采用不同减压阀调节卡盘高压夹紧或低压夹紧时的压力大小、尾座套筒伸出工作时预紧力大小,可适应加工不同工件的需要,操作简单。

(3) 系统采用双向液压马达实现刀架的转位,可实现无级调节,并能控制刀架的正、反转。
(4) 系统采用断电时的刀盘夹紧,消除了加工过程中突然断电所引起的事故隐患。

第四节 注塑机液压系统

一、概述

1. 注塑机注射成品的工作循环

塑料注射成型是一种将颗粒状塑料经加热化呈流动状态后,以高压、快速注入模腔,并保压和冷却而凝固成型为塑料制品,其加工设备简称为注塑机。

2. 注塑机的组成及工作程序

图 8.4 为注塑机的组成示意图,它主要由合模部件 1、注射部件 2 和床身 3 组成。合模部件又由启合模机构、定模板、动模板和制品顶出装置组成。注射部件位于注塑机的右上方,由加料装置(料筒、螺杆、喷嘴)、预塑装置、注射液压缸和注射座移动等组成。注塑工作程序如图 8.5 所示。

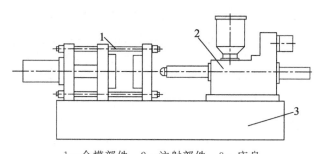

1—合模部件　2—注射部件　3—床身
图 8.4 注塑机的组成示意图

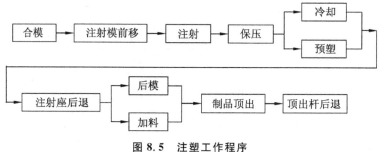

图 8.5 注塑工作程序

3. 注塑机工况对液压系统的要求

(1) 具有足够的合模力。

在注射过程中,常以 40~150MPa 的高压注入模腔,为防止塑料制品产生溢边或脱模困难等现象发生,要求具有足够的合模力。为此,在不使合模液压缸尺寸过大或压力过高的情况下,常采用连杆扩力机构来实现合模和锁模。

(2) 开模、合模速度可调。

由于既要考虑缩短空程时间以提高生产率,又要考虑合模过程中的缓冲要求以保证制品质量,并避免产生冲击,所以在启、合模过程中,要求移模缸具有慢、快、慢的速度变化。

(3) 注射座可整体前进与后退。

注射座整体移动由液压缸驱动,除保证在注射时具有足够的推力,使喷嘴与模具浇口紧密接触外,还应按固定加料、前加料和后加料三种不同的预塑形式调节移动速度。为缩短空程时间,注射座移动也应具有慢、快的速度变化。

(4) 注射的压力和速度可调节。

根据原料、制品的集合形状和模具浇口的布局不同,在注射成型过程中要求注射的压力和速度可调节。

(5) 可保压冷却。

熔体注入型腔后,要保压和冷却。当冷却凝固时有收缩,应在型腔内补充熔体,否则,因充料不足而出现残品。因此,要求液压系统保压,并根据制品要求,可调节保压的压力。

(6) 顶出制品时速度平稳。

制品在冷却成型后被顶出。当脱模顶出时,为了防止制品受损,运动要平稳,并能按不同制品形状,对顶出缸的速度进行调节。

二、SZ-250A 型注塑机液压系统工作原理

SZ-250A 型注塑机属于中、小型注塑机,每次最大注射容量为 250cm^3,如图 8.6 所示为其液压系统图。

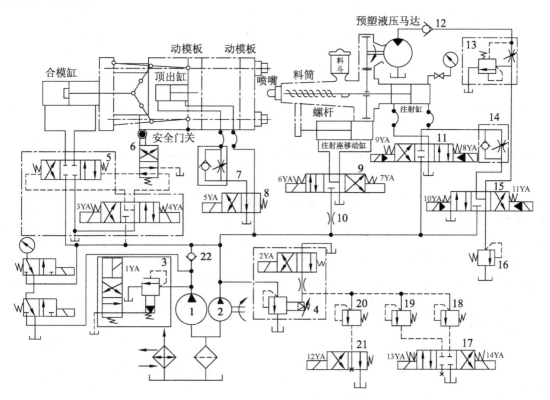

图 8.6 SZ-250A 型注塑机液压系统图

各执行元件的动作循环主要靠行程开关切换电磁换向阀来实现,电磁铁动作顺序见表8.3所示。

表8.3 SZ-250A型注塑机电磁铁动作顺序表

动作循环		1YA	2YA	3YA	4YA	5YA	6YA	7YA	8YA	9YA	10YA	11YA	12YA	13YA	14YA
合模	慢速		+	+											
	快速	+	+	+											
	低压慢速		+	+										+	
	高压		+	+											
注射	注射座前移		+					+							
	慢速		+					+			+		+		
	快速	+	+					+	+		+		+		
保压			+					+			+				+
预塑		+	+									+			
防流涎			+					+	+						
注射座后退			+				+								
开模	慢速1		+		+										
	快速	+	+		+										
	慢速2	+	+		+										
顶出	前进		+			+									
	后退		+												
螺杆	螺杆后退		+							+					
	螺杆前进		+						+						

1. 关安全门

为保证操作安全,注塑机都装有安全门。安全关门,行程阀6恢复常位,合模缸才能动作,开始整个动作循环。

2. 合模

动模板快速启动、快速前移,接近定模板时,液压系统转为低压、快速控制。在确认模具内没有异物存在时,系统转为高压使模具闭合。这路采用了液压-机械式合模机构,合模缸通过对称五连杆机构推动模板进行开模和合模,连杆机构具有增力和自锁作用。

(1) 慢速合模(2YA+、3YA+)。

大流量泵1通过溢流阀3卸载,小流量泵2的压力由溢流阀4调定,泵2压力油经电液换向阀5右位进入合模缸左腔,推动活塞带动连杆慢速合模,合模缸右腔油液经阀5和冷却器回油箱。

(2) 快速合模(1YA+、2YA+、13YA+)。

慢速合模转快速合模时,由行程开关发令使1YA得电,泵1不在卸载,其压力油经单向阀22与泵2的供油汇合,同时向合模缸供油,实现快速合模,最高压力由溢流阀4限定。

(3) 低压合模(2YA+、3YA+、13YA+)。

泵1卸载,泵2的压力由远程调压阀18控制。因阀18所调压力较低,合模缸推力较小,即使两个模板间有硬质异物,也不至于损坏模具表面。

(4) 高压合模(2YA+、13YA+)。

泵1卸载,泵2供油,系统压力由高压溢流阀4控制,高压合模并使连杆产生弹性变形,牢固地锁紧模具。

3. 注射座前移(2YA+、7YA+)

泵2的压力油经电磁换向阀9右位进入注射座移动缸右腔,注射座前移使喷嘴与模具接触,注射座移动缸左腔油液经阀9回油箱。

4. 注射

注射螺杆以一定的压力和速度将料筒前端的熔料经喷嘴注入模腔。注射分慢速注射和快速注射两种。

(1) 慢速注射(2YA+、7YA7+、10YA+、12YA+)。

泵2的压力油经电液换向阀15左位和单向阀14进入注射缸右腔,左腔油液经电液换向阀11中位回油箱,注射缸活塞带动注射螺杆慢速注射,注射速度由单向节流阀14调节,远程调压阀20起定压作用。

(2) 快速注射(1YA+、2YA+、7YA+、8YA+、10YA+、12YA+)。

泵1和泵2的压力油经电液换向阀11右位进入注射缸右腔,左腔油液经阀11回油箱。由于两个泵同时供油,且不经过单向节流阀14,注射速度加快。此时,远程调压阀20起安全作用。

5. 保压(1YA+、7YA+、10YA+、14YA+)

由于注射缸对模腔内的熔料实行保压并补塑,只需少量油液,所以泵1卸载,泵2单独供油,多余的油液经溢流阀4溢回油箱,保压压力由远程调压阀19调节。

6. 预塑(1YA+、2YA+、7YA+、11YA+)

保压完毕,从料斗加入的物料随着螺杆的转动被带至料筒前端,进行加热塑化,并建立起一定的压力。当螺杆头部熔料压力到达能克服注射缸活塞退回的阻力时,螺杆开始后退。后退到预定位置,即螺杆头部熔料达到所需注射量时,螺杆停止转动和后退,准备下一次注射,与此同时,在模腔内的制品冷却成型。

螺杆转动由预塑液压马达通过齿轮机构驱动。泵1和泵2的压力油经电液换向阀15右位、旁通型调速阀13和单向阀12进入马达,马达的转速由旁通型调速阀13控制,溢流阀4为安全阀。螺杆头部熔料压力迫使注射缸后退时,注射缸右腔油液经单向节流阀14、电液阀15右位和背压阀16回油箱,其背压力由阀16控制。同时注射缸左腔产生局部真空,油箱的油液在大气压作用下经阀11中位进入其内。

7. 防流涎(2YA+、7YA+、9YA+)

采用直通开敞式喷嘴时,预塑加料结束,这时要使螺杆后退一小段距离,减小料筒前端压力,防止喷嘴端部物料流出。泵1卸载,泵2压力油一方面经阀9右位进入注射座移动缸右腔,使喷嘴与模具保持接触,另一方面经阀11左位进入注射缸左腔,使螺杆强制后退。注射座移动缸左腔和注射缸右腔油液分别经阀9和阀11回油箱。

8. 注射座后退(6YA+)

保压结束,注射座后退。泵 1 卸载,泵 2 压力油经阀 9 左位使注射座后退。

9. 开模

开模速度一般为慢、快、慢。

(1) 慢速开模(2YA+或 1YA+、4YA+):泵 1(或泵 2)卸载,泵 2(或泵 1)压力油经电液换向阀 5 左位进入合模缸右腔,左腔油液经阀 5 回油箱。

(2) 快速开模(1YA+、2YA+、4YA+):泵 1 和泵 2 合流向合模缸右腔供油,开模速度加快。

10. 顶出

(1) 顶出缸前进(2YA+、5YA+):泵 1 卸载,泵 2 压力油经电磁换向阀 8 左位、单向节流阀 7 进入顶出缸左腔,推动顶出杆顶出制品,其运动速度由单向节流阀 7 调节,溢流阀 4 为定压阀。

(2) 顶出缸后退(2YA+):泵 2 的压力油经阀 8 右位使顶出缸后退。

11. 螺杆后退和前进(2YA+、9YA)

为了拆卸螺杆,有时需要螺杆后退。这时,电磁铁(YA2、YA9)得电,泵 1 卸载,泵 2 压力油经换向阀 11 左位进入注射左腔,注射缸活塞带螺杆后退。当电磁铁 YA2、YA8 得电时,螺杆前进。

三、塑料注射成型机液压系统特点

塑料注射成型机液压系统具有如下特点:

(1) 因注射缸液压力直接作用在螺杆上,因此,注射压力 p_z 与注射缸的油压 p 的比值为 D^2/d^2(D 为注射活塞直径,d 为螺杆直径)。为满足加工不同塑料对注射压力的要求,一般注射机都配备 3 种不同直径的螺杆,在系统压力 $p=14\mathrm{MPa}$ 时,获得注射压力 $p_z=40\sim150\mathrm{MPa}$。

(2) 为保证足够的合模力,防止高压注射时模具离缝产生塑料溢边,该注射机采用了"液压—机械"增力合模机构,也采用增压缸合模装置。

(3) 根据塑料注射成型工艺,模具的启闭过程和塑料注射的各阶段速度不一样,而且快慢速度之比为 $50\sim100$,为此该注射机采用了双泵供油系统,快速时双泵合流,慢速时泵 2(流量为 48L/min)供油,泵 1(流量为 194L/min)卸载,系统功率利用比较合理。有时在多泵分级调速系统中还兼用差动增速或充液增速方法。

(4) 系统所需多级压力由多个并联的远程调压阀控制。如果采用电液比例压力阀来实现多级压力调节,再加上电液比例流量阀调速,不仅减少了元件,降低了压力及速度变换过程中的冲击和噪声,还为实现计算机控制创造了条件。

(5) 注射机的多执行元件的循环动作主要依靠行程开关按事先编制的程序中的顺序完成,这种方式灵活方便。

复习与思考

1. 分析液压系统应遵循哪些方法和步骤。
2. 在图 8.1 所示的动力滑台液压系统中：
(1) 该液压系统由哪些基本回路组成？如何实现差动连接？
(2) 采用行程阀实现快慢切换有何特点？
(3) 单向阀 2 有何作用？压力继电器 9 有何作用？
3. 如图 8.2 所示为 180 吨钣金冲床液压系统回路，
(1) 系统中为何用两个泵，泵 4 和泵 5 的作用分别是什么？
(2) 如何形成差动连接？单向顺序阀 22 有何作用？
(3) 继电器 26 有何作用？该系统有多少个基本回路？
4. 如图 8.7 所示为某一组合机床液压传动系统原理图。试根据其动作循环图，
(1) 填写液压系统的电磁铁动作表；
(2) 说明此系统由哪些基本回路组成；
(3) 与 YT4543 动力滑台系统比较有何不同和相同之处。

动作 \ 电磁	1YA	2YA	3YA	4YA
快 进				
工 进				
快 退				
停 止				

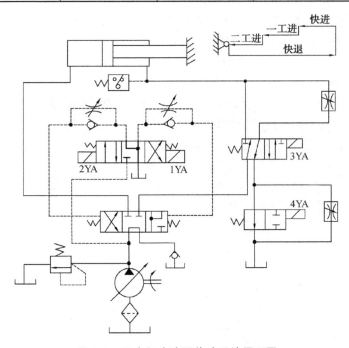

图 8.7 组合机床液压传动系统原理图

第九章 液压伺服和电液压比例控制技术

第一节 液压伺服控制

液压伺服控制是以液压伺服阀为核心的高精密控制系统。在这种系统中,输出(机械位移、速度、力)能够自动地、快速而准确地复现输入量的变化规律。由液压拖动装置作动力元件所构成的伺服系统叫做液压伺服系统。

液压伺服系统具有重量轻、体积小、反应快、系统刚度大和伺服精度高等优点,因而在航空、船舶、冶金、机械和化工等行业得到了广泛的应用。

一、液压伺服系统的工作原理

图 9.1 所示为液压伺服系统的工作原理图,图中液压泵 3 输入的液压油,通过溢流阀 4 调定压力后供给系统,通过伺服阀 1 控制液压缸 2 推动负载运动。液压泵 3 和溢流阀 4 构成恒定压油源,伺服阀 1 阀体与液压缸 2 缸体刚性固联,构成了反馈回路,因此,又是一个闭环控制系统。

系统的工作原理如下:当伺服阀阀芯处于中间位置($x_v=0$)时,阀芯凸肩遮住通往液压缸的两个油口,阀没有流量输出,缸体不动,系统处于静止平衡状态。若给伺服阀阀芯一个向右的输入位移 x_i 时,阀口 a、b 便有一个相应的开口量 x_v,使压力油进入液压缸右腔,液压缸左腔回油,在压力油的作用下液压缸右移 x_0。由于伺服阀阀体和液压缸缸体固联在一起,构成了机械反馈连接,阀体也右移 x_0,则阀口 a、b 的开口量减少($x_v=x_i-x_0$),直至 $x_0=x_i$,$x_v=0$ 时,阀的输出量等于零,缸体停止运动,处于一个新的平衡位置上,完成液压缸输出位移对伺服阀阀芯输入位移的跟随运动。若伺服阀阀芯反向运动,液压缸也作反向跟随运动。由此可见,只要给伺服阀

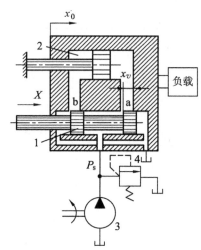

图 9.1 液压伺服系统的工作原理

以某一规律的输入信号,则执行元件就自动地、准确地跟随伺服阀按照这个规律运动。所以,液压伺服系统的工作原理就是液压流体动力的反馈控制。

二、液压伺服系统的组成和分类

1. 组成

液压伺服系统无论怎么复杂,都是由一些基本元件组成的,如图9.2所示。输入元件给出输入信号,与反馈测量元件给出的反馈信号进行比较得到控制信号,再将其输入放大转换元件。输入元件、反馈测量元件可以是机械元件、电气元件、气动元件或液压元件。伺服系统中,输入元件、反馈测量元件和比较元件经常组合在一起称为误差检测器。

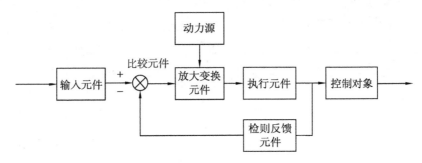

图 9.2 液压伺服系统的组成

在上例中滑阀是放大转换元件,又是比较元件;油缸是执行元件;缸体与阀体的固定连接部分为反馈测量元件。

2. 分类

液压伺服系统可以根据不同类别进行分类。

按控制信号的类别可分为机液伺服系统、电液伺服系统、气液伺服系统。

按系统输出量的名称可分为位置控制系统、速度控制系统、加速度控制系统和力控制系统。

按控制元件的种类和驱动方式可分为节流式控制系统和容积式控制系统,即阀控制系统和泵控制系统。

三、电液伺服阀

电液伺服阀是电液伺服系统中的放大转换元件,它把输入的小功率电流信号转换放大成液压功率(负载压力和负载流量)输出,实现执行元件的位移、速度、力控制。它是电液伺服系统的核心元件,其性能对整个系统的特性有很大的影响。

1. 电液伺服阀的组成

电液伺服阀通常由电气—机械转换装置、液压放大器和反馈(平衡)机构三部分组成。

电气—机械转换装置用来将输入的电信号转换为转角或直线位移输出。输出转角的装置称为力矩马达,输出直线位移的装置称为力马达。

液压放大器接受小功率的电气—机械转换装置输入的转角或直线位移信号,对大功率的压力油进行调节和分配,实现控制功率的转换和放大。

反馈和平衡机构使电液伺服阀输出的流量或压力获得与输入电信号成比例的特性。

2. 液压放大器的结构

液压放大器的常用结构有三种:滑阀、喷嘴挡板阀和射流管阀。其中以滑阀应用最普遍。下面介绍滑阀的结构。

滑阀按工作边数可分为单边滑阀、双边滑阀和四边滑阀,分别如图 9.3(a)、(b)、(c)所示。四边滑阀有四条控制边,阀芯中间凸肩的两侧边是控制压力油进入油缸的两条边。左右凸肩的内侧边是控制油缸回油的另两条控制边。四边滑阀的控制性能最好,双边次之,单边最差。但四边滑阀加工精度要求最高,单边制造简单。

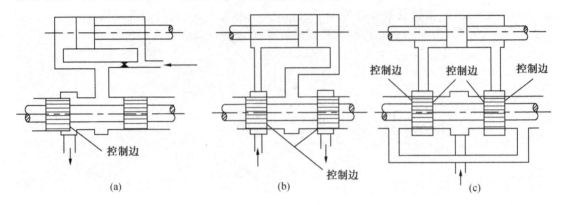

图 9.3 滑阀的结构形式

根据滑阀阀芯在中位时阀口的预开口量不同,滑阀又分为负开口(正遮盖)、零开口(零遮盖)和正开口(负遮盖)三种形式,分别如图 9.4(a)、(b)、(c)所示。负开口在阀芯开启时存在一个死区且流量特性为非线性,因此很少采用。正开口在阀芯处于中位时存在泄露且泄露较大,一般不用于大功率控制场合,另外,它的流量增益也是非线性的。比较而言,应用最广、性能最好的是零开口结构,但完全的零开口在工艺上是难以达到的,因此实际的零开口允许小于±0.025mm 的微小开口量偏差。

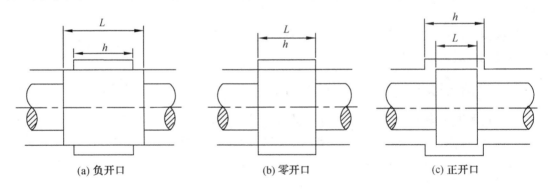

图 9.4 滑阀的开口形式

3. 电液伺服阀的工作原理

如图 9.5 所示为喷嘴挡板式电液伺服阀的工作原理图。图中上半部分为电气—机械转换装置,即力矩马达,下半部分为前置级(喷嘴挡板)和主滑阀。当无电流信号输入时,力矩马达无力矩输出,与衔铁 5 固定在一起的挡板 9 处于中位,主滑阀阀芯亦处于中(零)位。液压泵输出的油液以压力 p_s 进入主滑阀阀口,因阀芯两端台肩将阀口关闭,油液不能进入 A、B 口,但经固定节流孔 10 和 13 分别引到喷嘴 8 和 7,经喷射后,液流流回油箱。由于挡板处于中位,两喷嘴与挡板的间隙相等,因而油液流经喷嘴的液阻相等,则喷嘴前的压力 p_1 和

p_2相等,主滑阀阀芯两端压力相等,阀芯处于中位。若线圈输入电流,控制线圈中将产生磁通,使衔铁上产生磁力矩。当磁力矩为顺时针方向时,衔铁连同挡板一起绕弹簧管中的支点顺时针偏转。图中左喷嘴8的间隙减小、右喷嘴7的间隙增大,即压力p_1增大,p_2减小,主滑阀阀芯在两端压力差作用下向右运动,开启阀口,p_s与B相同,A与T相同。在主滑阀阀芯向右运动的同时,通过挡板下端的弹簧杆11的反馈作用使挡板逆时针方向偏转,使左喷嘴8的间隙增大,右喷嘴7的间隙减小,于是压力p_1减小,p_2增大。当主滑阀阀芯向右移到某一位置,由两端压力差p_1-p_2形成的液压力通过反馈弹簧杆作用在挡板上的力矩、喷嘴液流压力作用在挡板上的力矩以及弹簧管的反力矩之和与力矩马达产生的电磁力矩相等时,主滑阀阀芯受力平衡,稳定在一定的开口状态下工作。

显然,改变输入电流大小,可成比例地调节电磁力矩,从而得到不同的主阀开口大小。若改变输入电流的方向,主滑阀阀芯反向位移,可实现液流的反向控制。如图9.5所示,电液伺服阀的主滑阀阀芯的最终工作位置是通过挡板弹性反力的反馈作用达到平衡的,因此又称为力反馈式。

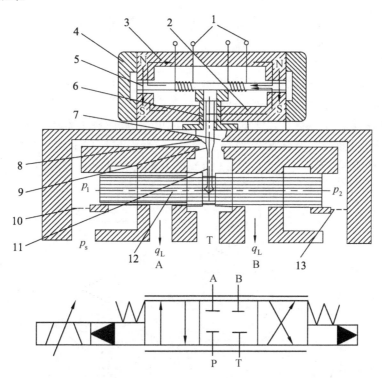

1—线圈　2、3—导磁体　4—永久磁铁　5—衔铁　6—弹簧　7、8—喷嘴
9—挡板　10、13—固定节流孔　11—反馈弹簧杆　12—主滑阀

图9.5　喷嘴挡板式电液伺服阀的工作原理图

四、液压伺服控制系统应用

1. 轮胎行走装置

轮胎行走装置用于在旋转的汽车轮胎上加上阶跃负载载荷,试验轮胎的耐久性。如图9.6所示,该装置的工作是靠液压缸将轮胎顶到以电机驱动的滚筒上,载荷检测装置安装在

轮胎轴上。

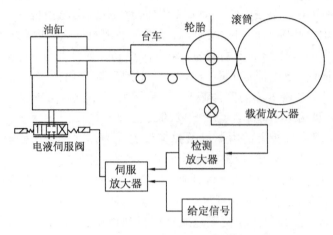

图 9.6　轮胎行走装置示意图

安装在液压缸入口处的蓄能器是为了消除外界干扰（如轮胎的热膨胀、轮胎不圆引起的变形等），提高控制精度。

2. 电火花加工机床

电火花加工机床是靠电极和工件之间的放电实现金属加工，其加工精度取决于放电电流的稳定性。如图 9.7 所示，当电极与工件之间间隙变小时，则放电电流增加；当间隙变大时，则放电电流减小。通过将正比于这一放电电流值的电压作为反馈信号加到伺服阀力矩马达的一个线圈上，而另一个线圈上加上给定信号，则安装电极的液压伺服缸的活塞杆上下移动，控制放电间隙，使在电极和工件之间流过恒定的放电电流，提高加工精度。

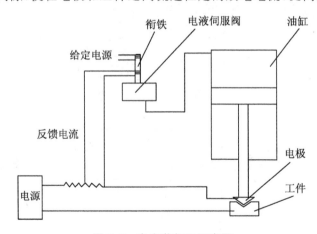

图 9.7　电火花加工示意图

第二节　电液比例控制

电液比例控制是介于普通液压阀的手动调节和开关式控制与电液伺服控制之间的控制方式，它能根据输入信号大小连续地、按比例地对液流压力和流量等参数实现控制。因此，它的控制性能优于普通液压阀，与电液伺服控制相比，其控制精度和响应速度较低，但其成本低,抗污染能力强。近年来电液比例控制在国内得到重视,发展较快,应用较广。电液比例控制的核心元件是电液比例阀,简称比例阀。本节主要介绍常用的电液比例阀及其应用。

一、电液比例控制阀

电液比例控制阀由普通液压阀加上电气—机械比例转换装置构成。常用的电气—机械比例转换装置是有一定性能要求的电磁铁,它能把电信号按比例地转换成力或位移,对液压阀进行控制。比例阀一般都具有压力补偿性能,它的输出压力和流量可以不受负载变化的影响,它被广泛地应用于对液压参数进行连续、远距离控制或程序控制,但对控制精度和动态特性要求不太高的液压系统中。

根据用途和工作特点的不同,比例阀可分为比例压力阀(如比例溢流阀、比例减压阀)、比例流量阀(如比例调速阀)和比例方向阀(如比例换向阀)等三类。

1. 电液比例压力阀

图 9.8 所示为一种电液比例压力阀的结构示意图,它由压力阀 1 和比例电磁铁 2 两部分组成。当电磁铁通电时,推杆 3 被推出,通过钢球 4 压缩弹簧 5 把力传给锥阀 6。推力的大小与电流 I 的大小成比例,当压力油产生的力超过作用在锥阀上的弹簧时,锥阀被打开,压力油通过阀口由出油口 T 排出,锥阀的阀口开度是不影响电磁推力的,但当通过锥阀口的流量变化时,由于阀座上小孔 d 处压差的改变以及稳态液动力的变化等,被控制的油液压力依然会有一些改变。它为一直动式压力阀,可直接使用,也可与普通的溢流阀、减压阀、顺序阀的主阀组成先导式的比例溢流阀、比例减压阀和比例顺序阀等。

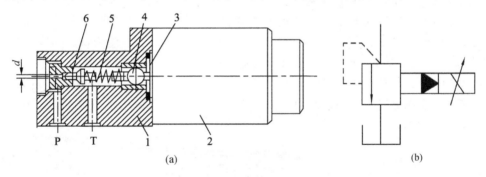

1—压力阀　2—比例电磁铁　3—推杆　4—钢球　5—弹簧　6—锥阀

图 9.8　电液比例压力阀

2. 电液比例调速阀

用比例电磁铁改变节流阀的开度,就成为比例节流阀。将此阀与定差减压阀组合在一起就成为比例调速阀。图 9.9 为电液比例调速阀的结构图。当无信号输入时,节流阀在弹簧作用下关闭阀口,输出流量为零。当有电信号输入时,电磁铁产生与电流大小成比例的电磁力,通过推杆 4 推动节流阀芯左移,使其开口 K 随电流大小而改变,得到与信号电流成比例的流量。若输入信号电流连续地按比例变化,比例调速阀控制的流量也是连续地按同样的比例变化。

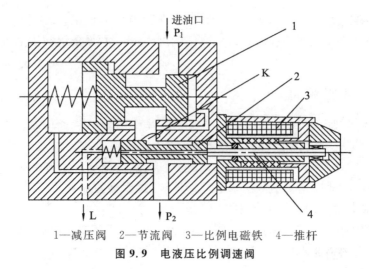

1—减压阀 2—节流阀 3—比例电磁铁 4—推杆

图9.9 电液压比例调速阀

3. 电液比例换向阀

电液比例换向阀一般由电液比例减压阀和液动换向阀组合而成，前者作为先导级以其出口压力来控制液动换向阀的开口量大小，从而控制液流的方向和流量的大小。如图9.10所示，先导级电液比例减压阀由比例电磁铁2、4和阀芯3组成。当电流信号输入，电磁铁2得电时，阀芯3被推向右端，压力油经右边阀口减压后，经通道a、b反馈至阀芯3的右端，与电磁铁2的电磁力相平衡。因而减压后的压力与供油压力大小无关，而只与输入电流信号的大小成比例。减压后的油液经通道a、c作用在换向阀阀芯5的右端，使阀芯左移，打开P与B的流通阀口并压缩左端的弹簧，阀芯5的移动量与控制油压的大小成正比，即阀口的开口大小与输入电流信号成正比。若比例电磁铁4得电，则相应地打开P与A的连通阀口，输出的流量与阀口开口大小以及阀口前后压差有关，即输出流量受到外界载荷大小的影响，当阀口前后压差不变时，则输出流量与输入的电流信号大小成比例。

液体换向阀的端盖上装有节流阀调节螺钉1和6，可以根据需要分别调节换向阀的换向时间，此外，这种换向阀也和普通换向阀一样，可以具有不同的中位机能。

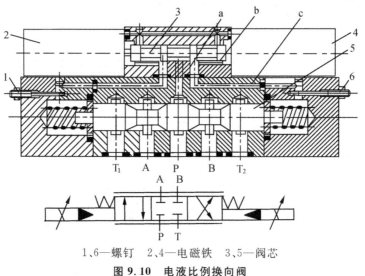

1、6—螺钉 2、4—电磁铁 3、5—阀芯

图9.10 电液比例换向阀

随着电液比例技术的发展,电液比例阀的性能也在不断提高,现已接近或达到了电液伺服阀的水平。电液比例阀与电液伺服阀的区别见表 9.1。

表 9.1 电液比例阀与电液伺服阀的对比

项目	电液比例阀	电液伺服阀
阀的功能	压力控制、流量控制、方向控制、方向和流量同时控制	多为四通阀,同时控制方向和流量
电气—机械比例转换器	功率较大(约 50W)的比例电磁铁,用来直接驱动主阀或先导阀芯	功率较小(约 0.1~0.3W)的力矩马达,用来带动喷嘴挡板或射流管放大器。其先导级的输出功率为 100W
滞环	约 1%	约 0.1%
遮盖	20% 一般精度,可以互换	0 极高精度,单件配作
响应时间	40~60ms	5~10ms
控制放大器	比例放大器比较简单,与阀配套供应	伺服放大器在很多情况下需专门设计,包括整个闭环电路
应用领域	多用于开环控制	闭环控制
价格	约为普通阀的 3~6 倍	约为普通阀的 10 倍以上

二、电液比例控制系统

电液比例控制系统由电子放大及校正单元、电液比例控制元件、执行元件及液压源、工作负载及信号检测处理装置组成。按有无执行元件输出参数的反馈分为闭环控制系统和开环控制系统。最简单的电液比例控制系统是采用比例压力阀、比例流量阀来替代普通液压系统中的多级调压回路或多级调速回路。这样不仅简化了系统,而且可实现复杂的程序控制及远距离信号传输,便于计算机控制。

图 9.11 所示为电液比例压力阀用于钢带冷轧卷取机的液压系统。轧机对卷取机构的要求是:当钢带不断从轧辊下轧制出来时,卷取机应以恒定的张力将其卷起来。为了实现这一要求,就必须在钢带卷半径 R 变化时保证张力 F 恒定不变,要保证张力不随 R 变化,必

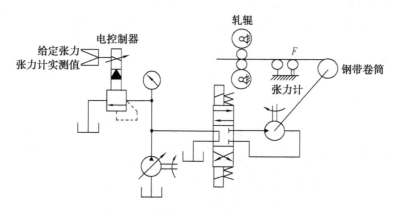

图 9.11 钢带冷轧卷取机的液压系统

须使液压马达的进口压力随 R 的增大而成比例地增大。为此,在该系统进行轧制工作时,先给定一个张力值储存于电控制器内,而在轧辊与卷筒之间安装一张力检测力,将检测的实际张力值反馈与给定张力值进行比较,当比较得到的偏差值达到某一限定值时,电控制器输入比例压力阀的电流变化一个相应值,使控制压力改变,于是液压马达的输出转矩及张力 F 作相应的改变,使偏差减小与消失。在轧机的实际工作中,随着钢带卷半径 R 的增大,实际张力 F 减小,出现的偏差值为负值。这时输入电流增加一个相应值,液压马达的进口压力也随之增大,从而使液压马达输出转矩及张力 F 相应增大,力图保持张力 F 等于给定值。显然,上述调节过程随着钢带卷半径 R 的变换而不断重复进行。

第三节　计算机电液控制技术

计算机电液控制技术综合利用了计算机控制技术、电子技术和液压传动技术,不断向人性化、智能化方向发展,是当代科学技术发展的产物。这种控制系统是由液压传动系统、数据采集装置、信号隔离和功率放大电路、驱动电路、电气—机械转换器、主控制器(微型计算机或单片微机)及相关的键盘及显示器等组成。一般是以稳定输出(力、转矩、转速、速度)为目的,构成了从输出到输入的闭环控制系统。这是一个涉及传感技术、计算机控制技术、信号处理技术、机械传动技术等机电一体化系统,此种控制系统操作简单,便于人机对话,系统功能强,可以实现多功能控制,且较易实现实时控制和在线检测。下面以泵控容积调速系统的计算机控制为例,介绍计算机电液控制系统的组成及其工作原理。

一、泵控容积调速计算机控制系统的组成

泵控容积调速计算机控制系统以单片微机 MCS-51 作为主控单元,对其输出量进行检测、控制。输入接口电路,经 A/D 转换后输入主控单元,主控单元按一定的控制程序对其进行运算后经输出接口和接口电路,送到步进电动机,由步进电动机驱动机械传动装置,控制伺服变量液压泵的斜盘位置,调整液压泵的输出参数,从而保证液压马达的输出稳定。泵控液压马达容积调速系统由于具有功率大、效率高等优点而得到广泛的应用,但由于液压系统的工作参数(如流量、温度等)的严重变化时,而又使其输出的参数(转速、转矩等)不稳定,系统的静态性能和动态品质较差,如图 9.12 所示。

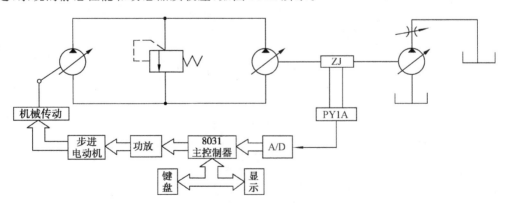

图 9.12　泵控容积调速计算控制系统结构图

二、控制系统的硬件及软件设计

1. 控制系统的硬件

控制系统的硬件由三部分组成：输入通道的硬件装置、输出通道的硬件配置和主控单元的硬件配置。

输入通道主要将转矩传感器得到的相应差信号放大，再经过转换转矩测量仪转变成模拟量输出，然后转速信号和转矩信号分成两路经高共模抑制比电路进行放大。根据转速信号和转矩信号的电压量程不同，选取合适的放大倍数，将其电压转变成统一的量程为 200mV～5V 的标准电压信号，再经硬件滤波，滤去高次谐波，分别将转矩和转速信号接入 A/D 的通道，经 A/D 转换后送入 8031 主控单元。

输出通道由输出电路、步进电动机和机械传动机构组成，后两者对系统的精度影响较大。在设计过程中，要根据系统液压泵控制方式选择机械传动的具体形式，再确定负载力的大小，从而选择步进电动机。然后根据步进电动机的参数指标确定控制电路的形式，以满足系统的需要。同时，根据系统的精度要求，决定步进电动机和机械传动结构之间的精度，以保证系统能满足设计要求。

2. 控制系统的软件

泵控液压马达容积调速系统的软件构成如图 9.13 所示。它包括输入信号采样、A/D 转换及滤波软件、系统自动复位软件、键盘及显示软件、控制算法、步进电动机控制软件和主系统管理软件等。

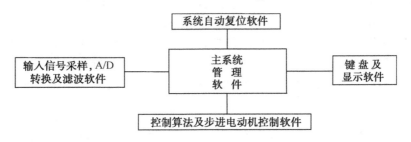

图 9.13 系统的软件构成

主系统管理软件的主要职能是在系统启动后自动调用系统复位软件使系统复位，然后调用显示软件进行显示，并调用输入控制值、采样信号、A/D 转换及滤波软件进行比较并由此调用控制算法软件，使系统朝着减小误差的方向运动。

系统控制算法软件是根据一定的控制策略，设计出相应的控制算法，并由此编写的计算机应用程序。随着控制理论和计算机技术的发展，控制策略也日渐增多，泵控液压马达容积调速系统的计算机控制中常用的控制算法有 PID 算法、砰—砰（Bang-Bang）控制算法以及 PID 和砰—砰相结合的控制算法。近年来，为了解决液压系统的非线性、参数时变的问题，人们提出了用人工智能的方法来实现控制目的，常用的智能控制方法有模糊控制算法、参数自适应模糊控制算法以及规则可调整的模糊控制算法等。图 9.14 为一般模糊控制系统的原理图。模糊控制算法的关键是模糊控制器的设计，模糊控制器由模糊化、模糊控制算法和模糊判决三部分构成。即对输入量（偏差 E 和 $\dfrac{dE}{dt}$）进行模糊化，再进行模糊运算，最后进行模糊判决,得到确切的控制量,并加到被控对象上,由上述过程即可算出总控制表,将其存入计算机。在实际控制时,只要测得偏差量 E,然后计算出偏差变化率 $\dfrac{dE}{dt}$,就可查出内存中的总控制表,找出相应的控制量。

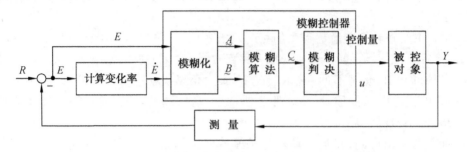

图 9.14　模糊控制原理

总之,随着微电子技术、计算机技术的快速发展,电液控制技术将更加完善和成熟。计算机强大的运算、记忆和逻辑判断功能,可以解决很多电液控制的难题,大大提高了液压系统的控制精度和运行可靠性,因而液压系统的发展前景十分远大。

复习与思考

1. 液压伺服系统与液压传动系统有何区别?它们的使用场合有何不同?
2. 液压伺服系统由哪些基本元件组成?如何分类?
3. 试简述电液伺服阀的工作原理及组成。
4. 电液比例控制阀根据用途和工作特点的不同可分几大类?它们分别是什么?
5. 举例说明电液比例控制阀的应用。

下篇 气动技术

第十章 气压传动基础知识

第一节 气动系统的组成

图 10.1(a) 为气动剪切机的工作原理图。当工料 11 送入剪切机并到达预定位置时,工料将行程阀 8 的阀芯推向右边,换向阀 A 腔通过行程阀 8 与大气相通,其阀芯在弹簧作用下移到下位,此时气缸 10 上腔与大气相通,下腔与压缩空气相通。气缸活塞杆向上运动,带动剪刀将工料切断,随之行程阀 8 的阀芯在弹簧作用下复位,将排气口封住,换向阀 A 腔的压力上升,阀芯上移,气缸上腔通压缩空气,下腔与大气相通,活塞带动剪刀向下运动,剪切机再次处于预备工作状态。

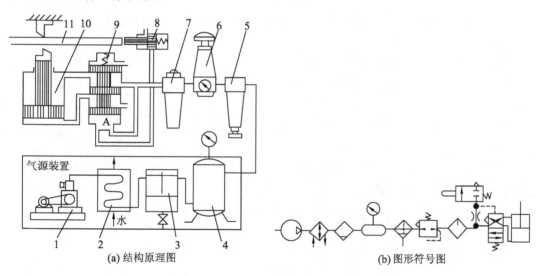

1—空气压缩机 2—冷却器 3—分水滤气器 4—储气罐 5—空气过滤器
6—减压阀 7—油雾器 8—行程阀 9—换向阀 10—气缸 11—工料

图 10.1 气动剪切机工作原理图

从气动剪切机的系统可知,气压传动系统与液压传动系统类似,由五个部分组成:
(1) 动力元件——气源装置,其作用是为气压传动系统提供压缩空气,它将原动机输入的机械能转变为气体的压力能。气源装置除了空气压缩机外,还包括冷却器、分水滤气器、储气罐等。

(2) 执行元件——气缸和气马达,用于将气体的压力能转换为机械能,驱动工作部件做往复直线运动或实现旋转运动。

(3) 控制元件——各种控制阀,包括减压阀、换向阀、逻辑元件等,用于对气动系统中的气流压力、流量和流动方向进行控制和调节。

(4) 辅助元件——除上述元件外的其他元器件,包括空气过滤器、油雾器、干燥器、消声器等。

(5) 工作介质——压缩空气,用于实现动力和运动的传递。

图 10.1(b)为用图形符号表示的气动剪切机气动系统。

第二节　气压传动技术的特点及应用

气压传动技术的特点主要表现在以下几方面:

(1) 气压传动的工作介质是空气,它取之不尽、用之不竭,用后的空气可以直接排到大气中去,不会污染环境。

(2) 气压传动的工作介质黏度很低,所以流动阻力很小,压力损失小,便于集中供气和远距离输送。

(3) 气压传动对工作环境适应性好,在易燃、易爆、多尘埃、强辐射、振动等恶劣工作环境下,仍能可靠地工作。

(4) 气压传动动作速度及反应快。液压油在管道中的流动速度一般为 $1\sim5m/s$,而气体流速可以大于 $10m/s$,甚至接近声速,因此在 $0.02\sim0.03s$ 内即可以达到所要求的工作压力及速度。

(5) 气压传动有较好的自保持能力。即使压缩机停止工作,气阀关闭,气压传动系统仍可维持一个稳定压力。而液压传动要维持一定的压力,需要能源装置工作或在系统中加蓄能器。

(6) 气压传动在一定的超负载工况下运行也能保证系统安全工作,并不易发生过热现象。

(7) 气压传动系统的工作压力低,因此气压传动装置的推力一般不宜大于 $40kN$,仅适用于小功率的场合。在相同输出力的情况下,气压传动装置比液压传动装置尺寸大。

(8) 由于空气的可压缩性大,气压传动系统的速度稳定性差,给系统的位置和速度控制精度带来很大影响。

(9) 气压传动系统的噪声大,尤其是排气时,须加消声器。

(10) 气压传动工作介质本身没有润滑性,如不采用无给油气压传动元件,需另加油雾器进行润滑,而液压系统无此问题。

气动传动技术已发展成包括传动、检测与控制在内的自动化技术。气动技术作为柔性制造系统(FMS)在自动生产线、机器人、自动包装流水线、半导体电子行业等领域成为不可缺少的重要技术。气动传动技术的微型化、节能化、无油化、位置控制的高精度化,及与电子技术、PLC技术的结合,是当前气动技术的发展特点和方向。

第三节 空气的性质

一、空气的组成

自然界中的空气是由若干种气体混合而成的,主要包括氮、氧、氩、二氧化碳、水蒸气以及其他一些气体。含有水蒸气的空气称为湿空气,不含水蒸气的空气称为干空气。大气中的空气基本上都是湿空气。

干空气在标准状态下的主要成分如表10.1所示。

表 10.1 干空气的主要成分

	氮(N_2)	氧(O_2)	氩(Ar)	二氧化碳(CO_2)
体积/%	78.09	20.05	0.93	0.03
重量/%	75.53	23.14	1.28	0.05

氮和氧是空气中比例最大的两种气体,它们的体积比近似等于 4:1。因为氮气是惰性气体,具有稳定性,不会自燃,所以在易燃、易爆场合可以用空气作为传动介质。

二、气体的可压缩性

与液体和固体相比,气体体积更容易发生变化。在日常生活中,可以很轻松地把3~4倍体积的空气压缩到自行车轮胎内,而将油的压力增大18MPa,其体积仅缩小1%。气体温度每升高1℃,其体积变化为0℃时体积的$\frac{1}{273}$左右,而水温每升高1℃,体积只改变$\frac{1}{20000}$,体积变化量相差73倍。气体与液体差别这样大,是因为气体分子之间的距离相当大,分子间的内聚力小,运动起来很自由,所以气体体积在外界作用下很容易产生变化。气体体积随压力和温度的变化而变化,这种性质称为气体的可压缩性。

三、气体的密度

单位体积气体的质量称为气体密度,用 ρ 表示。气体密度与气体压力和温度有关,压力增加密度增大,而温度上升密度减小。在标准状态下,干燥空气的密度为 $1.293 kg/m^3$。

四、湿空气

自然界中的空气基本上都是湿空气,这是因为在地球上,江、河、湖、海中的水不断地被蒸发到空气中,空气中或多或少都含有水蒸气。由湿空气生成的压缩空气对气动系统的稳定和寿命有很大影响,因为湿度大的空气会使气动元件腐蚀生锈,润滑剂稀释变质等。为保证气动系统正常工作,在压缩机出口处要安装后冷却器,使压缩空气中的水蒸气凝结析出,而在储气罐出口处安装空气干燥器,进一步去除压缩空气中的水分。

第四节 气源装置

气源装置用于向气压传动系统提供动力。气源装置的性能好坏直接影响气压传动系统的正常工作。

一、对压缩空气的要求

1. 具有一定的压力和足够的流量

因为压缩空气是气动装置的工作介质,没有一定的压力不但不能保证执行元件产生足够的动力,甚至连控制机构也难以正确动作;没有足够的流量就无法保证执行元件的运动速度和程序要求。

2. 具有一定的清洁度和干燥度

清洁度是指气源中含油污、灰尘多少及杂质颗粒大小的程度,要求控制在很低的范围内。一般的气动元件,如气缸、膜片式气动元件、截止式气动元件都要求杂质颗粒平均直径小于 $50\mu m$。气动马达、滑阀要求杂质颗粒平均直径不大于 $25\mu m$。气动仪表要求杂质颗粒小于 $20\mu m$。射流元件要求杂质颗粒直径小于 $10\mu m$。

干燥度是指压缩空气中含水分多少的程度。气动装置要求压缩空气的含水量越小越好。

如果不对气源质量提出要求,就会造成元件腐蚀、磨损、变形老化、堵塞管道,影响气动装置的工作寿命和动作的准确性,甚至会使装置失灵产生故障。因此,为提高压缩空气的质量,气源装置应设置除油污、除水分、防尘、干燥等净化辅助设备。

二、压缩空气站

1. 空气压缩机

空气压缩机是产生压缩空气的设备,它将原动机的机械能转变成气体的压力能,是气动系统的动力源。其安装台数根据用户的用气量而定。

空气压缩机(简称空压机)种类很多,可按工作原理、输出压力高低、输出流量大小以及结构形式、性能参数等进行分类。

(1) 按工作原理可分为容积式和速度式空压机两类。在容积式空压机中,气体压力的提高是由于压缩机内部的工作容积被缩小,使单位体积内的气体分子密度增加而形成的;在速度式空压机中,气体压力的提高是由于气体分子在高速流动时突然受阻而停滞下来,使动能转化为压力能而达到的。容积式空压机又因其结构的不同可分为活塞式、膜片式和螺杆式等;速度式空压机按其结构不同可分为离心式和轴流式等。一般常用活塞式空压机(容积式压缩机)。

(2) 按输出压力可分为低压($0.2MPa < p \leqslant 1.0MPa$)、中压($1.0MPa < p \leqslant 10MPa$)、高压($10MPa < p \leqslant 100MPa$)和超高压空压机($p > 100MPa$)。

(3) 按输出流量,可分为微型($q \leqslant 1m^3/min$)、小型($1m^3/min < q \leqslant 10m^3/min$)、中型($10m^3/min < q \leqslant 100m^3/min$)和大型($q > 100m^3/min$)四种空压机。

2. 空气压缩机的工作原理

图 10.2 所示为活塞式空压机。当活塞 3 向右移动时,气缸内活塞左腔的压强低于大气压强,吸气阀 9 被打开,空气在大气压强的作用下进入气缸 2 内,这一过程称为吸气过程;当活塞向左移动时,吸气阀 9 在缸内压缩气体的作用下关闭,缸内气体被压缩,这一过程称为压缩过程;当气缸内空气压强高于输出管路内压强 p 后,排气阀 1 被打开,压缩空气送至输气管路内,这一过程称为排气过程。活塞 3 的往复动作是由电动机带动曲柄 8 转动,通过连杆 7、滑块 5、活塞杆 4 转化成直线往复运动而产生的。

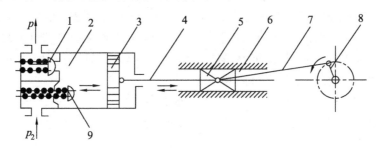

1—排气阀　2—气缸　3—活塞　4—活塞杆　5—滑块　6—滑道　7—连杆　8—曲柄　9—吸气阀

图 10.2　活塞式空压机

3. 气源净化辅助设备

(1) 空气过滤器:安装在空气压缩机第一级气缸进气阀入口处,用来减少进入压缩机中的灰尘含量。

(2) 后冷却器:安装在压缩机出口管道上,使压缩机出口处压缩气体温度由 140℃～170℃ 降低到 40℃～50℃ 左右,将压缩气体中的水汽、油雾汽凝结成水滴和油滴经油水分离器分离出来。

(3) 油水分离器:安装在后冷却器后面,用来分离出油滴、水滴、杂质等。

(4) 储气罐:是辅助能源装置,用来稳定压缩空气的压力,消除压力脉动,并可储存压缩气体。

(5) 干燥器:用于吸收或排除压缩空气中的水分及油分,使湿空气变成干空气。

图 10.3 为压缩空气站设备组成和布置示意图。

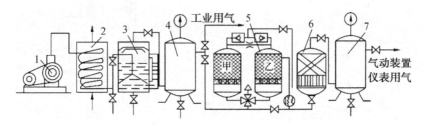

1—压缩机　2—后冷却器　3—分离器　4—储气罐
5—干燥器　6—过滤器　7—储气罐

图 10.3　压缩空气站设备组成和布置示意图

第五节　气动辅助元件

一、后冷却器

由于压缩机输出的压缩气体通常温度较高,工作压强为 0.8MPa 的压缩机输出的气体温度往往达到 140℃~170℃,若将高温气体直接输入储气罐及管路,会给气动装置带来很多害处。因为此时压缩空气中含有的水、油均为汽态,成为易燃易爆的气源,并且它们的腐蚀作用很强,会损坏气动元件,影响气动装置工作。因此必须在压缩机出口之后,安装冷却器来吸收压缩空气中的热量,使压缩空气降温至 40℃~50℃,促使其中大部分的水汽、油气凝聚成水滴和油滴,以便通过油水分离器析出。

冷却器的冷却方法通常是水冷法,其结构形式有蛇管式、列管式、套管式、散热片式和板式等,安装时需特别注意压缩空气和冷却水的流动方向。图 10.4 为几种常见的后冷却器结构示意图。

图 10.4(a)所示为蛇管式冷却器,主要由一只蛇管状空心盘管和一只盛装此盘管的圆筒组成。蛇状盘管用铜管或钢管弯曲制成,蛇管的表面积就是该冷却器的散热面积。由空气压缩机排出的热空气由蛇管上部进入,通过管外壁与管外的冷却水进行热交换,冷却后,由蛇管下部输出。这种冷却器结构简单,使用和维修方便,因而被广泛用于流量较小的场合。

图 10.4(b)所示为列管式冷却器,一般是水在管内流动,空气在管间流动。管间的压缩空气可以自由流动,也可在管间配置活动板,使压缩空气呈曲折前进,以增加与冷却水管接触的机会,加大散热量。这种形式适用于低中压、大容量的压缩空气冷却。

用 10.4(c)所示为套管式冷却器。空气压缩机排出的热空气在内管里流动,冷却水在

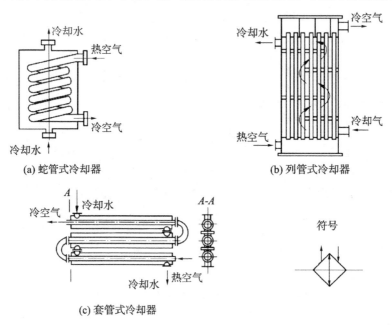

(a) 蛇管式冷却器　　　(b) 列管式冷却器

(c) 套管式冷却器

图 10.4　几种常见的后冷却器

内管与外管之间流动,通过内管壁进行热交换。这种冷却器通流截面小,易达到高速流动,有利于冷却,清洗也较方便,但结构笨重,只适用于排气量较小的场合。

二、空气过滤器

空气过滤器的作用是利用惯性、阻隔和吸附的方法将空气中所含的杂质和灰尘过滤掉。其形式有纸质过滤器、金属过滤器、离心旋转过滤器等。

图 10.5 为离心旋转式空气过滤器的结构图。从输入口输入的压缩空气在旋风叶子 1 的作用下产生强烈的旋转,压缩空气中质量较大的水滴、油滴和灰尘在离心力的作用下被分离出来,并沉淀于存水杯 3 的底部。挡水板 4 可防止存水杯中的积水被气流卷起。当气体通过滤芯 2 时,在滤芯作用下将气体中微粒污物及雾状水分进一步滤除。通过滤芯后的气体经输出口输出。

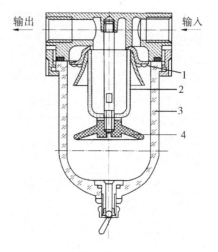

1—旋风叶子　2—滤芯
3—存水杯　4—挡水板

图 10.5　离心旋转式空气过滤器

三、干燥器

干燥器是吸收和排除压缩空气中的水分、部分油分与杂质,使湿空气变成干空气的装置。从压缩机输出的压缩空气经后冷却器、油水分离器、储气罐的初步净化处理后已能满足一般气动装置对介质净化的要求。但其中仍有一定的水分和少量油气等杂质,对要求高度干燥、洁净的气动装置(如气动仪表、射流装置等)还要经过干燥和过滤装置等进行进一步处理。

干燥器的干燥方式有加热式、冷冻式、再生式等。图 10.6 所示为不加热再生式干燥器。它有两个填满干燥剂的相同容器。空气从一个容器的下部流到上部,水分被干燥剂吸收而得到干燥,一部分干燥后的空气又从另一个容器的上部流到下部,从饱和的干燥剂中把水分带走并放入大气,实现了不须加热而使干燥剂再生。Ⅰ、Ⅱ两容器定期交换工作(约 5~10min),使干燥剂不断地吸附和再生,从而可以得到连续输出的干燥压缩空气。

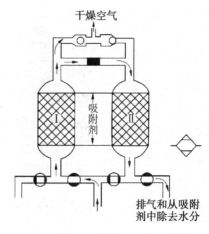

图 10.6　不加热再生式干燥器

四、储气罐

储气罐主要用来调节气流,减少输出气流的压力脉动,使输出气流具有流量连续和气压稳定的性能,必要时,还可以作为应急气源使用,也能分离部分油污和水分。储气罐一般采用焊接结构,有立式和卧式两种。其中立式储气罐应用较多,如图 10.7 所示。它的高度为其直径的 2~3 倍,进气管在下,出气管在上,并尽可能加大进、出气管口之间的距离,以利于进一步分离空气中的油污和水分。储气罐应装有安全阀,用于调节罐中压力,通常罐中压力为正常工作压力的1.1倍。储气罐中的压力用压力表显示。

五、油雾器

气动系统中应用的各种气动元件,如气阀、气缸、气动马达等,其可动部分都需要润滑。若没有润滑剂润滑,就会增大摩擦力,密封圈很快被磨损,造成密封失效,使系统不能正常工作。然而以压缩气体为动力的气动元件都是密封气室,不能用一般方法去注油。只能以某种方法将润滑油混入气流中,带到需要润滑的地方。油雾器就是这样一种特殊的注油装置,它使润滑油雾化,形成油雾,随着气流进入到需要润滑的部件上,实现润滑,用这种方法加油,具有润滑均匀、稳定,耗油量少和无需大的储油设备等特点。

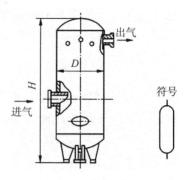

图 10.7 立式储气罐

油雾器利用压缩空气的流动,把润滑油输送到所需的地方。它先根据引射和雾化原理将润滑油进行雾化,再凭借压缩空气的流动,把雾化后的润滑油送到各摩擦副处。一般微小粒子油的直径约为 $1\sim5\mu m$,微粒较大的迅速沉降,而较小的附着在机械的必要润滑部分,其颗粒直径和润滑特性有直接关系,为此必须选择适当的油雾器。

图10.8为普通型油雾器的结构原理图。压缩空气由输入口1进入后,通过立杆上正对着气流方向的小孔进入阀座5的腔内,阀芯12上下表面形成压力差,此压力差与弹簧13的弹力共同作用而使阀芯处于中间位置,因而压缩空气就进入储油杯6的上腔A,油面受压,压力油经吸油管10将单向阀9的阀芯托起,阀芯上部管口为一个边长小于阀芯直径的四方孔,所以阀芯不可能将上部管口封死,油能不断经节流阀7的阀口流入视油器8,再滴入立杆中,被主管道中的气流从小孔中引射出来,雾化后从输出口输出。

用视油器8上部的节流阀7可调节滴油量,滴油量可在0~200滴/分钟内变化。

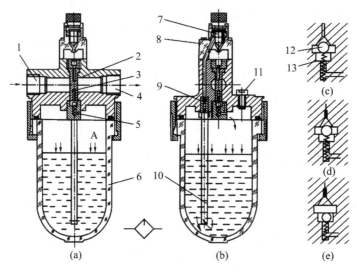

1—输入口 2、3—小孔 4—输出口 5—阀座 6—储油杯 7—节流阀
8—视油器 9—单向阀 10—吸油管 11—油塞 12—阀芯 13—弹簧

图 10.8 普通型油雾器

普通型油雾器能在进气状态下加油,这时只要拧松油塞 11 后,A 腔与大气相通而压力下降,同时输入进来的压缩空气将钢球 12 压在阀座 5 上,切断压缩空气进入 A 腔的通道,如图 10.8(e)所示。又由于吸油管中单向阀 9 的作用,压缩空气也不会从吸油管倒灌到储油杯中,所以就可以在不停气状态下向油塞 11 加油。加油完毕,拧上油塞,特殊单向阀又恢复工作状态,油雾器又重新开始工作。

根据机器安装位置及地点不同,向气动系统的供油量一般考虑在 $10m^3$ 的空气量中加入 1mL 的油。油雾器的安装位置应尽量靠近使用端。应注意油雾器的安装方向,若安装反了,则油雾器不喷油,即使有油流出也不会产生雾化。

六、消声器

在气动控制系统中,消声器是不可缺少的元件。由于换向阀等气动元件排出的气体速度较高,在排向大气的过程中,高速压缩气体急剧膨胀,引起气体振荡,产生强烈的排气噪声。噪声的强弱随排气速度、排气量和换向阀前后空气通道形状而变化。一般高达 100dB。这种噪声严重恶化工作环境,危害人体健康,使工作效率大为降低。为保护工作人员的身体健康,提高工作效率,必须设法降低噪声。

降低气动系统排气噪声的最有效办法是在换向阀排气口处安装消声器。消声器通过加大阻尼、增大排气截面积等方法降低排气速度,达到降低噪声之目的。对气动元件上使用的消声器,要求它们:

(1) 消声效果好。
(2) 排气阻力小。
(3) 消声器容易清洗,使用性能不变。
(4) 结构简单,不易损坏。

气动系统中常用的消声器有下列几种:

1. 吸收型消声器

这种消声器是依靠吸音材料来消声的。吸音材料有粉末烧结材料、玻璃纤维、毛毡、泡沫塑料等。吸收型消声器结构简单,吸音材料孔眼不易堵塞,具有良好的消除中、高频噪声的性能,很适合用来消除气动装置的排气噪声。图 10.9 是这种消声器的结构示意图。

2. 膨胀干涉型消声器

这种消声器的直径比排气孔径大得多,气流在里面扩散,碰壁反射,互相干涉,减弱了噪声强度。最后经过非吸音材料制成的开孔较大的多孔外壳排入大气。这种消声器的特点是排气阻力小,消声效果好,但结构不紧凑。主要用于消除中、低频噪声,尤其是低频噪声。

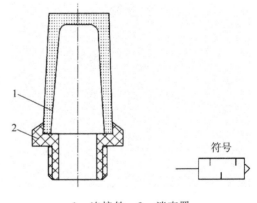

1—连接件　2—消声罩
图 10.9　吸收型消声器

3. 膨胀干涉吸收型消声器

图 10.10 为膨胀干涉吸收型消声器,也叫混合型消声器。消声器内表面敷设吸音材料,

入口处开了许多中心对称的斜孔。气流从对称斜孔分成多束进入扩散室 A，在 A 室内膨胀、减速后与反射套碰撞，然后反射至 B 室，在消声器中心处，气束互相撞击、干涉，进一步减速，噪声得以减弱。然后气流又经吸音材料的多孔侧壁排入大气，噪声又一次被削弱。这种消声器的消声效果更好，低频时可降低 20dB，高频时可降低 40dB。

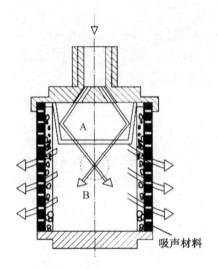

图 10.10　膨胀干涉吸收型消声器

复习与思考

1. 气压传动与液压传动相比有哪些优缺点？
2. 气源装置由哪些元件组成？
3. 试述后冷却器、储气罐、干燥器、油雾器、消声器在系统中的作用及其安装位置。
4. 油雾器为什么可以在不停气的状态下加油？

第十一章 气动执行元件

将压缩空气压力能转变为机械能的元件,称为气动执行元件。气动执行元件分为气缸和气马达。气缸实现往复直线运动或摆动,输出力或转矩;气马达可实现连续回转运动,输出转矩。

第一节 气 缸

气缸是气动系统中使用最多的执行元件,根据不同用途和使用条件,其结构、形状、连接方式有多种形式。常用的分类方法有以下几种:

(1) 按压缩空气对活塞端面作用力的方向,可分为单作用气缸和双作用气缸。

(2) 按气缸的结构特征可分为活塞缸、柱塞缸、膜片缸、叶片摆动缸及气-液阻尼缸等。

(3) 按气缸的功能可分为普通气缸和特殊气缸。普通气缸用于一般无特殊要求的场合。特殊气缸常用于有某种特殊要求的场合,如缓冲气缸、步进气缸、增压气缸等。

(4) 按气缸的安装方式可分为固定式气缸、轴销式气缸、回转式气缸、嵌入式气缸等。固定式气缸的缸体安装在机架上不动,其连接方式又有耳座式、凸缘式和法兰式。轴销式气缸的缸体绕一固定轴,缸体可做一定角度的摆动。回转式气缸的缸体可做高速旋转运动,常用在机床的气动夹具上。

一、单作用活塞气缸

单作用活塞气缸是指压缩空气仅在气缸的一端进气,推动活塞运动。而活塞的返回是借助于弹簧力、膜片力、重力等其他外力。其结构如图 11.1 所示。

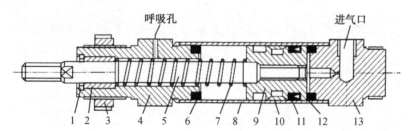

1—卡环 2—导向套 3—螺母 4—前缸盖 5—活塞杆 6、12—弹性垫 7—弹簧
8—缸筒 9—活塞 10—导向环 11—密封圈 13—后缸盖

图 11.1 单作用活塞气缸

单作用活塞气缸的特点如下:

(1) 仅一端进气,结构简单,耗气量小。

(2) 用弹簧或膜片复位,因需克服弹性力等,所以活塞杆的输出力小。

(3) 缸内安装弹簧、膜片等，缩短了活塞的有效行程。

(4) 复位弹簧、膜片的弹力是随其变形大小而变化的，因此活塞杆的推力和运动速度在行程中是有变化的。

由于上述原因，单作用活塞气缸通常用于短行程及活塞杆推力要求不高的场合，如气吊、气动夹紧等。

二、双作用单杆活塞气缸

双作用单杆活塞气缸活塞的往复运动都是依靠压缩空气来完成的，它是应用最为广泛的一种气缸。图11.2为其结构原理图。

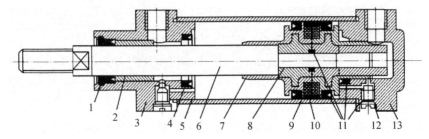

1—防尘组合密封圈　2—导向套　3—前缸盖　4—缓冲密封圈　5—缸筒　6—活塞环
7—缓冲柱塞　8—活塞　9—磁性环　10—导向环　11—密封圈　12—缓冲节流阀　13—后缸盖

图11.2　双作用单杆活塞气缸

双作用单杆活塞气缸主要由缸筒、端盖、活塞、活塞杆和密封件、紧固件等组成。缸筒前后用端盖及密封垫圈等固定连接。有活塞杆侧的缸盖为前缸盖，无活塞杆侧的缸盖为后缸盖，一般在缸盖上开设有进排气通口，当活塞运动速度较高时（一般为1m/s左右），可在行程的末端装设缓冲装置。前缸盖上设有密封圈、防尘圈和导向套，以此提高气缸的导向精度。活塞杆和活塞紧固相接，活塞上有防止左、右两腔互通窜气的密封圈以及耐磨环；带磁性开关的气缸，活塞上装有永久性磁环，它可触发安装在气缸上的磁性开关来检测气缸活塞的运动位置。活塞两侧一般装有缓冲垫，如为气缓冲，则活塞两侧沿轴线方向设有缓冲柱塞，前、后两缸盖上有缓冲节流阀和缓冲套。当气缸运动到端头时，缓冲柱进入到缓冲套内，气缸排气需经缓冲节流阀，排气阻力增加，产生排气背压，形成缓冲气垫，起到缓冲作用。

三、双作用双杆活塞气缸

双作用双杆活塞气缸的活塞两侧都有活塞杆，当两活塞杆直径相同时，活塞两侧的受力面积也相同，因此，活塞在往复运动过程中，输出力及速度完全相等。它常用于加工机械及包装机械。

四、气-液阻尼缸

气缸的工作介质是压缩空气，其特点是动作快，但速度不易控制。当负载变化较大时，容易产生"爬行"或"自走"现象。而液压缸采用相对不易压缩的液压油作为工作介质，速度和位置控制精度较高，不易产生"爬行"、"自走"现象。气-液阻尼缸就是利用二者的特点组合而成的。

图 11.3 为串联式气-液阻尼缸工作原理图,它由气缸和液压缸串联而成,两缸活塞采用同一根活塞杆刚性连接。活塞杆输出力大小取决于气缸中压缩空气推力(或拉力)与液压缸中油液阻力的差值。液压缸本身并不由油源供油,只是被气缸活塞带动,产生阻尼和调速作用。液压缸进出口之间装有液压用单向节流阀。当气缸右端供气时,气缸克服负载并带动液压缸活塞向左运动,这时液压缸左端排油,单向阀关闭,油只能通过节流阀进入液压缸右腔。调节节流阀的开度,就能控制活塞的运动速度。

气-液阻尼缸有多种类型,图 11.4 是并联式气-液阻尼缸结构示意图。

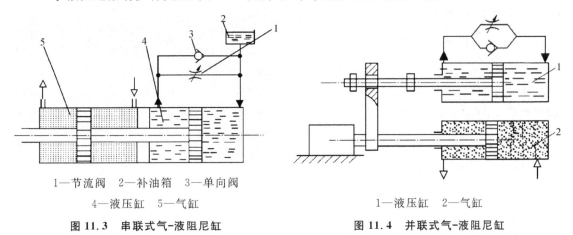

1—节流阀 2—补油箱 3—单向阀
4—液压缸 5—气缸

图 11.3 串联式气-液阻尼缸

1—液压缸 2—气缸

图 11.4 并联式气-液阻尼缸

五、薄膜气缸

薄膜气缸利用膜片在压缩空气作用下产生变形来推动活塞杆做直线运动。图 11.5(a)为单作用薄膜气缸的结构,由膜片、膜盘、弹簧等组成。薄膜气缸中的膜片有盘形膜片和平膜片两种,一般用夹织物橡胶制成,厚度为 5～6mm,也可用钢片、锡磷青铜片制成,但仅限于在行程较小的薄膜气缸中使用。

图 11.5(b)为双作用薄膜气缸。

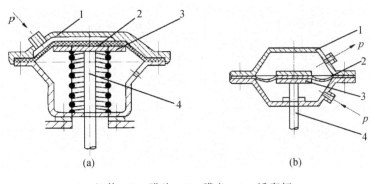

1—缸体 2—膜片 3—膜盘 4—活塞杆

图 11.5 膜片气缸

薄膜气缸与活塞气缸相比,具有结构紧凑、成本低、维修方便、寿命长、效率高等优点,但因膜片的变形量有限,故其行程较短,一般不超过 40～50mm,且气缸活塞上的输出力随行程的加大而减小,因此它的应用范围受到一定的限制。

六、冲击气缸

冲击气缸可以将压缩空气的压力能转换为活塞的高速运动,输出动能,利用较大冲击力打击工件。

冲击气缸与普通气缸相比,结构上增加了一个具有一定容积的储能腔和喷嘴。普通型冲击气缸的结构如图 11.6 所示。中盖与缸体固接在一起,它与活塞把气缸分隔成储能腔 A、尾腔 B 与头腔 C 三部分,中盖中心开有一个喷嘴,喷嘴直径为活塞直径的 $\frac{1}{3}$。

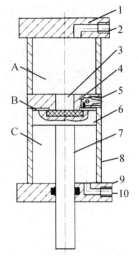

1、9—端盖　2—进气孔
3—喷嘴口　4—中盖
5—低压排气阀　6—活塞
7—活塞杆　8—缸体
10—出气口

图 11.6　冲击气缸

冲击气缸的工作过程如图 11.7 所示。当压缩空气从 A 孔输入冲击气缸头腔时,储能腔经 B 孔排气,活塞上移封住中盖上的喷嘴,尾腔则经排气口与大气相通,见图 11.7(a)。当压缩空气从 B 口输入储能腔时,由于喷嘴面积只有活塞面积的 $\frac{1}{9}$,即使头腔开始泄压,仍有一定的向上推力,此时储能腔仍是封闭的,继续贮存能量,见图 11.7(b)。当储能腔内压力高于头腔压力的 9 倍时,活塞开始下移,一旦离开喷嘴,储能腔内的高压气体迅速充满尾腔,使活塞上端受压面积突然增加 9 倍,于是活塞在很大压差作用下迅速加速,获得很大的冲击速度和能量。

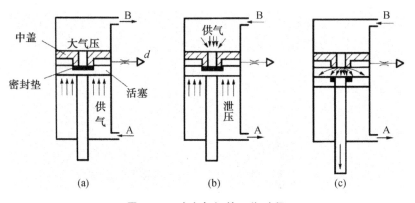

图 11.7　冲击气缸的工作过程

冲击气缸的结构简单,成本低,耗气功率小,且能产生相当大的冲击力,应用十分广泛。它可完成下料、冲孔、弯曲、铆接、模锻、破碎等多种作业。

七、回转气缸

回转气缸工作原理如图 11.8 所示,它由导气头体 9、缸体 3、活塞 4、活塞杆 1、缸盖 6 等组成。这种气缸的缸体连同缸盖及导气头芯可被其他机械携带回转,活塞及活塞杆只做往复直线运动。导气头体外接管路,固定不动。

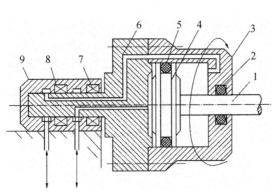

1—活塞杆 2、5—密封装置 3—缸体 4—活塞
6—缸盖及导气头芯 7、8—轴承裁 9—导气头体

图 11.8 回转气缸工作原理图

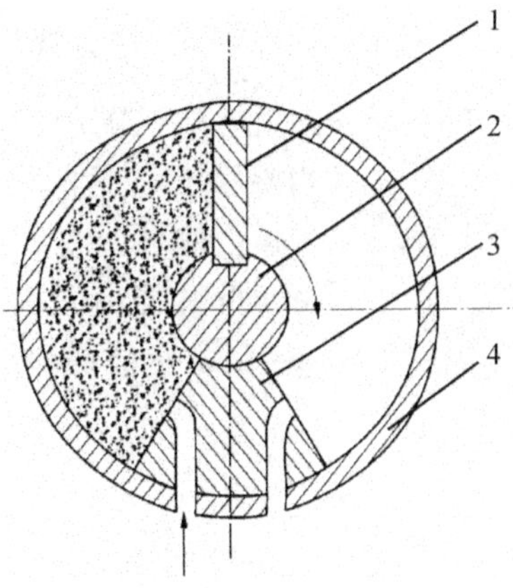

1—叶片 2—转子
3—定子 4—缸体

图 11.9 摆动气缸

回转气缸主要用于机床夹具和线材卷曲等装置上。

八、摆动气缸

摆动气缸将压缩空气的压力能转变成气缸输出轴有限回转的机械能,常用于安装位置受到限制或转动角度小于360°的回转工作部件。图11.9是摆动气缸的工作原理图。定子3与缸体4固定在一起,叶片1和转子2(输出轴)连接在一起。当左腔进气时,转子顺时针转动;反之,则逆时针转动。这种气缸的耗气量一般都较大。

第二节 气马达

气马达是将压缩空气的压力能转换为旋转机械能的气动执行元件。气马达的作用相当于液压传动中的液压马达,用于输出转矩驱动工作机构做回转运动。

气马达具有以下特点:

(1) 具有较宽的功率范围和转速范围,功率小至几百瓦,大至几万瓦;转速可从零到25000r/min 或更高。可实现无级调速。通过控制节流阀的开度来调节进入气马达压缩空气的流量,从而控制气马达的转速。

(2) 具有较高的启动转矩,可以直接带负载启动,启动、停止迅速。

(3) 工作安全,可以在易燃、易爆、高温、振动、潮湿、粉尘等环境恶劣场所工作,不受高温、潮湿及振动的影响。

(4) 具有过载保护作用。可长时间满载工作,且温升较小,过载时气马达只是降低转速或停车,过载解除后,可立即重新正常运转。

(5) 与电动机相比,单位功率尺寸小,结构简单,重量轻,适于安装在位置狭小的场合及手工工具上,操作方便,可正反转,维修容易,成本低。

(6) 速度稳定性较差,输出功率小,耗气量大,效率低,噪声大和易产生振动。

一、气马达分类和工作原理

气马达有叶片式、活塞式、薄膜式等多种类型。

图 11.10(a)为叶片式气马达的工作原理图。它主要由定子、转子、叶片及前、后盖等组成。转子相对于定子偏心安装。压缩空气从 A 孔进入定子腔,并作用在叶片的伸出部分,使转子产生转矩。由于叶片伸出面积不等,转子受到不平衡转矩而逆时针方向旋转。做功后的气体由 C 孔排出,剩余残气经 B 孔排出。若改变压缩空气输入方向,即可改变转子的转向。

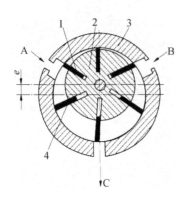

1、4—叶片　2—转子　3—定子

图 11.10　叶片式气马达

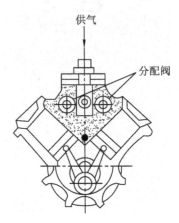

图 11.11　活塞式气马达

图 11.11 为活塞式气马达的工作原理图。压缩空气由供气口进入分配阀后再进入气缸,推动活塞及连杆组件运动,再使曲轴旋转。在曲轴旋转的同时,带动固定在曲轴上的分配阀同步转动,使压缩空气随着分配阀角度位置的改变而进入不同的缸内,依次推动各个活塞运动,并由各活塞及连杆带动曲轴连续运转,与此同时,与进气缸相对应的气缸则处于排气状态。

图 11.12 为薄膜式气马达的工作原理图。它实际上是一个薄膜气缸,当它做往复运动时,通过推杆端部的棘爪使棘轮转动。

二、气马达应用

气马达适用于需要安全、无级变速、启动换向频繁、防爆及负载启动且有过载可能性的场合。在潮湿、高温及不便于工人直接操纵的地方也适用,并可与恶劣工作环境下操作的设备配合使用。当在要求多种速度运转,瞬时启动和制动,或可能

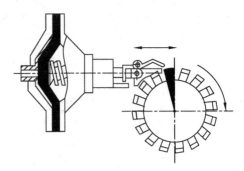

图 11.12　薄膜式气马达

经常发生失速和过负载的情况下,采用气马达要比别的类似设备价格便宜,维修简单。

目前,气马达在矿山机械、工程建筑、筑路、建桥、隧道开凿中应用较多,许多风动工具如风钻、风扳手、风砂轮及风动铲刮机等均装有气马达。在机械制造、化工、造纸、冶金、电力等行业亦有较多使用,在需要高速旋转的情况下,叶片式气马达磨头可在钻床、铣床、车

床上作磨削使用,加工直径达 8～90mm。

润滑对气马达而言是不可缺少的,良好的润滑可保证气马达长时间运转。一般气动系统中,在气马达操纵阀前面均设置油雾器,使油雾与压缩空气混合,再进入气马达,从而达到充分润滑。

 复习与思考

1. 简述几种特殊气缸的工作原理和特点。
2. 简述几种气马达的工作原理。

第十二章　气动控制元件

气动控制元件的作用是调节压缩空气的压力、流量、方向以及发送信号，以保证气动执行元件按规定的程序正常动作。按功能可分为方向控制阀、压力控制阀、流量控制阀以及能实现一定逻辑功能的逻辑阀。

第一节　方向控制阀

方向控制阀用于控制管道内气流的通断和流动方向。由于方向控制阀串联在管道中，因而它对气流的流动会产生一定阻力。为减少能源损失和提高气动系统的工作效率，使用中要求方向控制阀的阻力小，换向速度快，可动部件重量轻，运动距离短。

一、方向控制阀的种类

按功能可分为换向型方向控制阀和单向型方向控制阀两大类。

按阀芯结构形式可分为滑阀、转阀、膜片阀等。

与液压阀类似，阀的切换位置称为"位"，阀的每个切换位置具有几个接口（包括排气口）就称为"几通"。

按控制方式可分成气压控制、人工控制、机械控制、电磁控制等。

二、换向型方向控制阀

1. 气压控制换向阀

气压控制换向阀以压缩空气为动力进行阀的切换。按施加压力的方式可分为加压控制、卸压控制、差压控制和时间控制。加压控制指施加在阀芯控制端的压力逐渐升到一定值时，使阀芯移动换向，阀芯沿着加压方向移动。卸压控制指施加在阀芯控制端的压力逐渐降到一定值时，阀芯移动换向，常用作三位阀的控制。差压控制指阀芯采用气压复位或弹簧复位，利用阀芯两端受气压作用的面积不等（或两端气压不等）而产生轴向力差值，使阀芯移动换向。时间控制是指利用气流向由气阻（节流孔）和气容构成的阻容环节充气，经过一段时间后，当气容内压力升至一定值时，阀芯在压差作用下移动换向。

（1）单气控加压式换向阀。

图 12.1 为单气控加压式换向阀工作原理图。图 12.1(a)为没有加压控制信号，阀芯在弹簧与 P 口气压作用下，P、A 断开，A、O 接通，阀处于排气状态；图 12.1(b)为在加压控制信号 K 作用下，阀芯向下运动，使 A、O 断开，P、A 接通，阀处于工作状态，输出压力气体。

图 12.2 为二位三通单气控加压式换向阀结构图。这种结构简单、紧凑、密封可靠、换向行程短，但换向力较大，抗粉尘及污染能力强，对过滤精度要求不高。

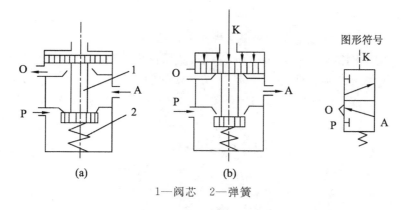

1—阀芯　2—弹簧

图 12.1　单气控加压式换向阀

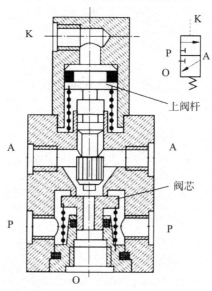

图 12.2　二位三通单气控加压式换向阀

（2）双气控加压式换向阀。

双气控加压式换向阀两端都由气压信号控制，如图 12.3 所示。图 12.3(a) 为有 K_1 信号时，阀芯停在左位，压缩气体由 P 口经 A 口流出，B 口回气经 O_2 口排出；图 12.3(b) 为有 K_2 信号时，阀芯停在右位，压缩空气由 P 口经 B 口流出，A 口回气由 O_1 排出。

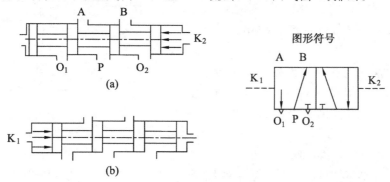

图 12.3　双气控加压式换向阀

2. 手动控制换向阀

手动控制换向阀则是通过人工操作实现阀的换向的。

手动换向阀的主体部分与气控换向阀类似，其操作方式可以是多种多样的，有按钮式、锁式、推拉式、长手柄式等。图12.4为推拉式手动阀的工作原理图。图12.4(a)为将阀芯压下，P口与A口相通，B口与O_2口相通；图12.4(b)为拉起阀芯，则P口与B口相通，A口与O_1口相通。

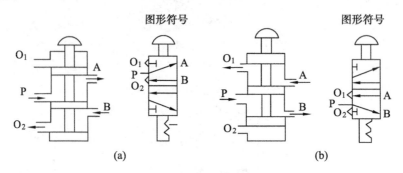

图12.4 推拉式手动换向阀

3. 机械控制换向阀

机械控制换向阀又称行程阀，主要用于行程控制系统中，常作为信号阀使用。

图12.5为一个二位三通杠杆滚轮式行程阀。阀顶端加设一个杠杆，杠杆端头有一滚轮。当活塞杆端的凸轮或挡块直接与滚轮接触时，滚轮通过杠杆把力传递给阀芯，完成阀的换位。

当气源P供给压缩空气后，阀芯在弹簧和气压作用下，向上移动，关闭阀口，使P与A断路，A与O相通处于排气状态。当行程挡块撞上并压下滚轮后，阀芯下移，开启阀门并堵住A与O口通道，压缩气体由P口通过阀门从A口输出，发出气控信号。

4. 电磁控制换向阀

电磁控制换向阀依靠电信号，通过电磁铁产生的吸力实现阀的切换，控制气流流动方向。它适用于长距离遥控，在生产自动化领域中得到普遍应用。

电磁控制换向阀主要由电磁控制部分和换向阀两部分组成。电磁控制换向阀通常分为直动式和先导式两种，根据电磁铁的配置又分为单电控和双电控。

(1) 直动式单电控换向阀。

直动式单电控换向阀一端受电磁铁控制，

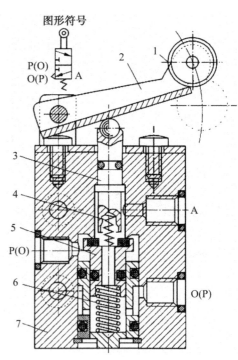

1—滚轮 2—杠杆 3—顶杆
4—缓冲弹簧 5—阀芯
6—密封弹簧 7—阀体

图12.5 杠杆滚轮式行程阀

另一端靠弹簧复位,其工作原理如图 12.6 所示。

图 12.6(a)电磁控制端的电磁铁不通电。此时,在弹簧作用下,阀芯上移,切断 P、A 通道,接通 A、O 通道,A 口无压缩空气输出,回路气体由 O 口排出。图 12.6(b)为电磁铁通电时,电磁力克服弹簧力推动阀芯向下移动,接通 P、A 通道,切断 A、O 通道,压缩气体由 A 口输出。

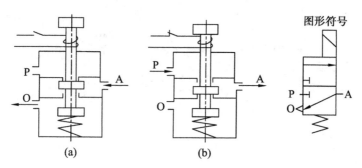

图 12.6　直动式单电控换向阀

(2) 直动式双电控换向阀。

直动式双电控换向阀指换向阀的切换和复位都靠电磁力控制,在换向阀中有两个电磁铁。图 12.7 为直动式双电控换向阀的工作原理图。

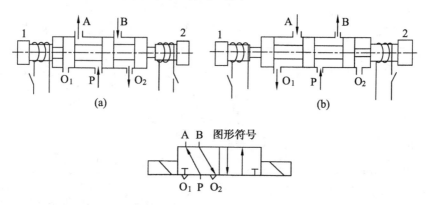

图 12.7　直动式双电控换向阀

图 12.7(a)为电磁铁 1 通电、电磁铁 2 断电,电磁力把阀芯推向右端,此时 P、A 接通,压缩空气由 A 口输出。B 口与回气口 O_2 接通,回程气体由 O_2 口排出。图 12.7(b)为电磁铁 1 断电、电磁铁 2 通电,电磁力把阀芯推向左端,接通 P、B 口,压缩空气由 B 口输出到系统中,系统中的回程气体通过 A 口由 O_1 口排向大气。当两端都断电时,阀芯停留在原控制位置,所以可以实现逻辑控制中的双稳程序控制。

(3) 先导式单电控换向阀。

当电磁控制阀通径较大时,直动式换向阀的电磁控制部分必然要加大。因此可采用先导式电磁控制方式,借助气体压力控制通径较大的阀芯运动。

先导式电磁控制换向阀的先导阀实际上是一个直动式电磁控制换向阀,以控制较小的气流,产生先导气体压力,再由此气体压力控制主阀阀芯换向。先导式电磁控制换向阀也可分为单电控和双电控两种。

图 12.8 为先导式单电控换向阀工作原理图。图 12.8(a)为先导阀断电时的状态。先导阀阀芯在弹簧作用下向上移动,切断 P_1、A_1 通路,使 A_1 腔与排气口 O_1 连通。主阀芯在弹簧作用下靠向右端,P、A 切断,A、O 接通,A 腔内气体由排气口 O 排出。先导阀电磁铁通电时,导阀芯在电磁力作用下向下移动,如图 12.8(b)所示,接通 P_1、A_1,A_1 腔内进压力气体,推动主阀芯向左运动,P、A 口接通,由 A 口输出压缩气体。

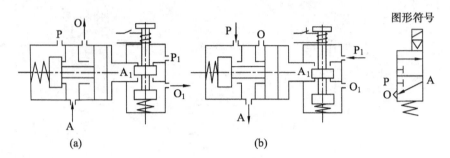

图 12.8 先导式单电控换向阀

(4)先导式双电控换向阀。

图 12.9 是先导式双电控换向阀工作原理图。在图 12.9(a)中,左边先导阀电磁铁通电,右边电磁铁断电,这时左边导阀芯下移,P_1 和主阀左腔连通,主阀阀芯右移,使 P、A 连通,压缩气体由 A 口输出,回程气体由 B 口经 O_2 口排出。图 12.9(b)为左边先导阀电磁铁断电,右边电磁铁通电时的状态,右边导阀芯向下移动,P_2 和主阀右腔连通,推动主阀阀芯左移,接通 P、B 口,压缩气体由 B 口输出。返程气体通过 A 口由 O_1 口排出。先导阀电磁铁断电时,主阀阀芯仍保持原位,这种功能称为记忆性能,可用来作为双稳元件使用。

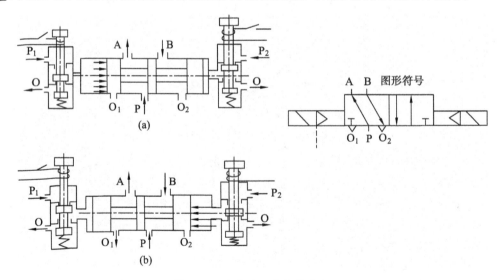

图 12.9 先导式双电控换向阀

三、单向型控制阀

1. 单向阀

单向阀使气流只能朝一个方向流动,反向不能流动。

单向阀的结构见图 12.10,其工作原理与液压单向阀基本相同,只是在阀芯和阀座之间有一层橡胶垫,起密封作用。

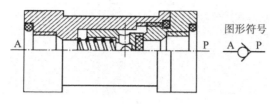

图 12.10　单向阀

阀开启时,必须满足最低开启压力,否则不能开启,且单向阀开启时阀内会产生压降,因此在精密压力调节系统中使用时,需预先了解阀的开启压力和压降值。一般最低开启压力在 $0.1×10^5 \sim 0.4×10^5$ Pa,压降在 $0.06×10^5 \sim 0.1×10^5$ Pa。

2. 或门型梭阀

在气动回路中,可应用或门型梭阀实现两个通路 P_1 或 P_2 均可与通路 A 相通,而不允许 P_1 与 P_2 互相通气的功能。或门型梭阀实际上相当于两个单向阀组合,其工作原理如图 12.11 所示。当通路 P_1 进气时将阀芯推向右边,通路 P_2 被关闭,于是气流从 P_1 进入通路 A,如图 12.11(a)所示;反之,气流从 P_2 进入 A,如图 12.11(b)所示。若 P_1、P_2 同时进气,则哪端压力高,A 就与哪端相通,另一端就自动关闭。

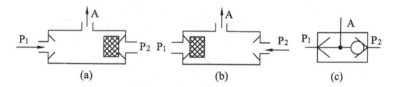

图 12.11　或门型梭阀工作原理

或门型梭阀具有逻辑"或"功能,在逻辑回路和程序控制回路中被广泛采用。图 12.12 为或门型梭阀应用在手动-自动换向回路中。

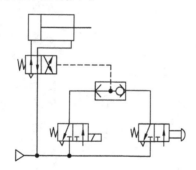

图 12.12　或门型梭阀在手动-自动换向回路中的应用

3. 与门型梭阀(双压阀)

与门型梭阀(双压阀)有两个输入口 P_1、P_2 和一个输出口 A,见图 12.13。只有当 P_1、P_2 都有输入时,A 才有输出,具有逻辑"与"功能。

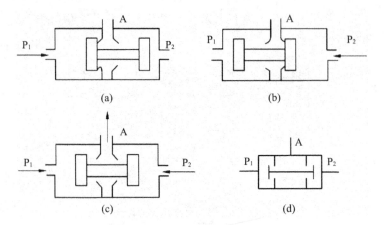

图 12.13 与门型梭阀工作原理

与门型梭阀(双压阀)的结构见图 12.14。

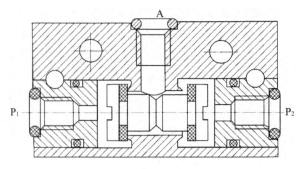

图 12.14 与门型梭阀结构

与门型梭阀的应用很广泛,图 12.15 是一个钻床控制互锁回路,行程阀 1 为工件定位信号,行程阀 2 是夹紧工件信号,当两个信号同时存在时,双压阀 3 才有输出,使换向阀 4 换向,钻孔缸 5 进给开始钻孔。

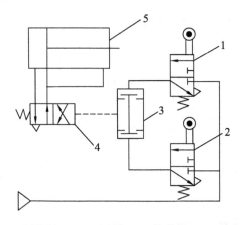

1、2—行程阀 3—双压阀 4—换向阀 5—钻孔缸
图 12.15 与门型梭阀应用回路

第二节 压力控制阀

气动系统一般建立统一的空气压缩机站,输出压缩空气,供给多套气动装置使用。气动压力比液压传动压力低,压力波动较大。通常将压缩空气存放在储气罐内,由调压阀将储气罐内的气体调节到每套装置实际需要的压力,并保持该压力值的稳定。

压力控制阀主要有将储气罐内气体压力减压到每套装置实际需要压力的调压阀,限制储气罐和管道压力在某一定值上的溢流阀,根据回路中压力变化控制执行元件顺序动作的顺序阀。

一、调压阀

调压阀用于调整输出压力,经它调定后的输出压力值总是低于输入压力,实际上起到了减压作用,所以也叫减压阀。调压阀有直动式和先导式两种。

图 12.16 为 QTY 型直动式调压阀结构图及符号。当阀处于工作状态时,调节手柄 1、压缩弹簧 2 和 3 及膜片 5,通过阀杆 6 使阀芯 8 下移,进气阀口被打开,有压力气流从左端输入,经阀口节流减压后从右端输出。输出气流的一部分由阻尼管 7 进入膜片气室,在膜片 5 的下方产生一个向上的推力,这个推力把阀口开度关小,使其输出压力下降。当作用于膜片上的向上推力与向下弹簧力相平衡后,调压阀的输出压力便保持一定。

当输入压力发生波动时,如输入压力瞬时升高,输出压力也随之升高,作用于膜片 5 上的气体推力也随之增大,破坏了原来的力的平衡,使膜片 5 向上移动,有少量气体经溢流口 4、排气孔 11 排出。在膜片上移的同时,因复位弹簧 10 的作用,使输出压力下降,直到达到新的平衡为止。重新平衡后的输出压力又基本上恢复至原值。反之,输出压力瞬时下降,膜片下移,进气口开度增大,节流效果减弱,输出压力

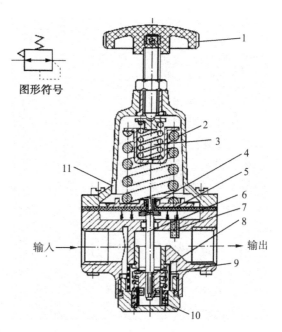

1—调整手柄 2、3—调压弹簧 4—溢流口
5—膜片 6—阀杆 7—阻尼孔
8—阀芯 9—阀座 10—复位弹簧
11—排气孔

图 12.16 QTY 型调压阀

又基本上回升至原值。调节手柄 1 使弹簧 2、3 恢复自由状态,输出压力下降至零,阀芯 8 在复位弹簧 10 的作用下,关闭进气阀口,这样调压阀便处于截止状态,无气流输出。

QTY 型直动式调压阀的调压范围为 0.05~0.63MPa。为限制气流通过调压阀所造成的压力损失,规定气体通过阀内通道的流速在 15~25m/s 范围内。

安装调压阀时,要按气流的方向和减压阀上所示的箭头方向,依照水分滤气器→调压

阀→油雾器的安装次序进行安装。调压时应由低向高调,直至规定的调压值为止。阀不用时应把手柄松开,以免膜片经常受压变形。

二、顺序阀

顺序阀根据回路中气体压力大小控制各种执行机构的动作顺序。

图12.17为顺序阀的工作原理图,它靠调压弹簧的压缩量控制阀的开启压力。

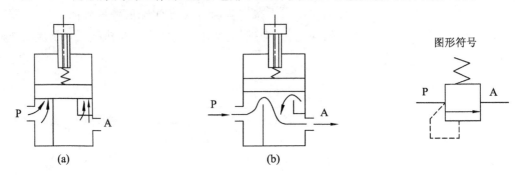

图12.17 顺序阀工作原理

压缩空气进入进气腔作用在阀板上,若此力小于弹簧力,则阀处于关闭状态,如图12.17(a)所示;而当作用于阀板上的力大于弹簧力时,阀板被顶起,阀成为开启状态,压缩空气经进气腔由A口流出,如图12.17(b)所示。

顺序阀一般很少单独使用,往往与单向阀配合在一起,构成单向顺序阀。图12.18所示为单向顺序阀的工作原理图。当压缩空气由左端进入阀腔内后,作用于活塞3上的气压力超过压缩弹簧2上的力时,将活塞顶起,压缩空气从P经A输出,如图12.18(a)所示。此时单向阀4在两端压力差及弹簧力的作用下处于关闭状态。反向流动时,活塞在弹簧力的作用下关闭,输入则变成排气口,输出侧压力将顶开单向阀4由O口排气,如图12.18(b)所示。

调节手柄1就可以改变单向阀的开启压力,以便在不同的开启压力下,控制执行元件的顺序动作。

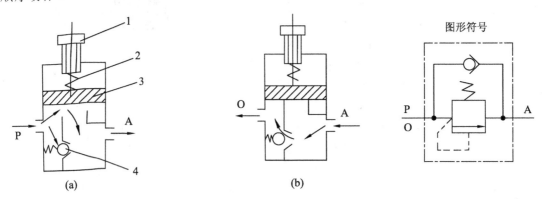

1—调节手柄　2—弹簧　3—活塞　4—单向阀

图12.18 单向顺序阀

第三节 流量控制阀

流量控制阀通过改变阀的通流截面面积实现流量控制。节流阀是一种最常用的流量控制阀。对节流阀的调节要求是：流量调节范围大，调节精度高。

一、普通节流阀

图 12.19 为节流阀的结构和图形符号。当压力气体从 P 口输入时，气流通过节流通道自 A 口输出。旋转阀芯螺杆，即可改变节流口的开度，从而改变阀的通流截面面积。

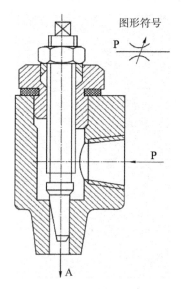

图 12.19 普通节流阀

二、排气节流阀

排气节流阀的节流原理与普通节流阀一样，也是靠调节通流截面面积来调节流量的。它们的区别是，普通节流阀通常安装在系统中调节气流流量，而排气节流阀只能安装在排气口，调节排入大气的流量，以此来调节执行元件的运动速度。图 12.20 是排气节流阀的工作原理图，气流从 A 口进入阀内，由节流口 1 节流后经消声套 2 排出。因而它不仅能够调节执行元件的运动速度，还能起到降低排气噪音的作用。

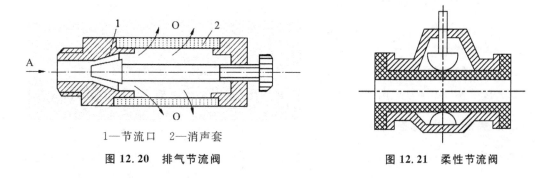

1—节流口　2—消声套

图 12.20 排气节流阀　　　　　图 12.21 柔性节流阀

三、柔性节流阀

图 12.21 为柔性节流阀。通过阀杆夹紧橡胶管而产生节流作用,也可以利用气体压力来代替阀杆压缩橡胶管。柔性节流阀结构简单,动作可靠性高,对污染不敏感,通常工作压力范围为 0.3～0.63MPa。

四、快速排气阀

图 12.22 为快速排气阀的结构和图形符号。当压缩空气进入进气口 P,使膜片 1 向下变形,打开 P 与 A 的通路,同时关闭排气口 O;当 P 口没有压缩空气进入时,在 A 口和 P 口压差的作用下,膜片向上恢复,关闭 P 口,使 A 口通过 O 口快速排气。

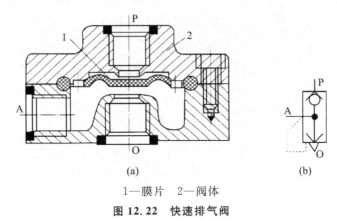

1—膜片　2—阀体

图 12.22　快速排气阀

快速排气阀通常装在换向阀和气缸之间。它使气缸的排气不用通过换向阀而快速排出,从而加快气缸往复的运动速度,缩短工作周期。

第四节　气动逻辑阀

气动逻辑阀利用压缩空气作为工作介质,通过气控信号控制阀的可动部件动作,改变气流方向以实现相应的逻辑功能,在气动系统中广泛应用于实现各种自动控制。前面介绍的气动方向控制阀有开关特性,也具有一定的逻辑功能,但方向控制阀尺寸大,输出功率大,主要用于直接控制气动执行元件。

一、气动逻辑阀分类

(1) 按工作压力,可分为微压阀(工作压力 0.02MPa 以下)、低压阀(工作压力 0.02～0.2MPa)和高压阀(工作压力 0.2～0.8MPa)三种。

(2) 按逻辑功能,可分为"或门"阀、"与门"阀、"非门"阀、"双稳"阀等。

(3) 按结构,可分为截止式逻辑阀、膜片式逻辑阀、滑阀式逻辑阀、球阀式逻辑阀等。

二、高压截止式逻辑阀

高压截止式逻辑阀依靠气控信号或通过膜片变形推动阀芯动作,改变气流的流动方向,以实现一定的逻辑功能。这种逻辑阀的特点是行程小、流量大、工作压力高,对气源净化要求低,便于实现集成安装和集中控制,拆卸也很方便。

下面介绍几种常见的高压截止式气动逻辑阀。

1."是门"和"与门"气动逻辑阀

图 12.23 为"是门"和"与门"气动逻辑阀结构示意图。

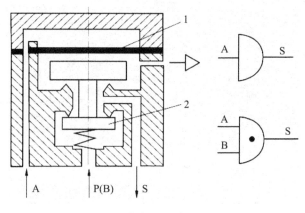

1—膜片　2—阀芯

图 12.23 "是门"和"与门"阀

图中 A 为信号输入口,S 为信号输出口,中间为 P 口时接气源,此时为"是门"阀。在 A 口无信号输入时,膜片 1 在弹簧和气源压力作用下上移,封住 P、S 之间的通路,使输出口 S 与排气口相通,S 无输出;当 A 口有信号输入时,膜片 1 在输入信号作用下推动阀芯 2 下移,封住输出口 S 与排气口之间的通道,P、S 之间相通,S 口有输出,阀的输入和输出保持相同状态。

若中间口为 B 时则为"与门"阀,此时 B 口作为另一输入信号口。这时只有 A、B 口同时有输入时,S 口才有输出。

"是门"和"与门"阀的逻辑关系见表 12.1。

表 12.1 "是门"和"与门"阀逻辑关系

名　称	是　门	与　门
逻辑函数	$S=A$	$S=A \cdot B$
真值表	<table><tr><td>A</td><td>S</td></tr><tr><td>0</td><td>0</td></tr><tr><td>1</td><td>1</td></tr></table>	<table><tr><td>A</td><td>B</td><td>S</td></tr><tr><td>0</td><td>0</td><td>0</td></tr><tr><td>0</td><td>1</td><td>0</td></tr><tr><td>1</td><td>0</td><td>0</td></tr><tr><td>1</td><td>1</td><td>1</td></tr></table>

2."或门"阀

图 12.24 为"或门"气动逻辑阀结构示意图。

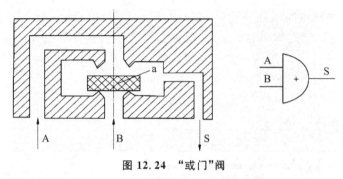

图 12.24 "或门"阀

图中 A、B 为信号输入口。当仅 A 有信号输入时,阀片 a 下移封住信号口 B,气流经 S 口输出。当仅 B 有输入信号时,阀片 a 上移封住信号口 A,S 口也有输出。当 A、B 均有输入信号时,阀片 a 在两信号作用下,上移或下移或保持中位,无论阀片 a 处于何种状态,S 均有输出。即 A、B 两个输入信号中,只要有一个或两个同时存在,S 口都有输出。"或门"阀的逻辑关系见表 12.2。

表 12.2 "或门"阀逻辑关系

名 称	或 门		
逻辑函数	$S=A+B$		
真值表	A	B	S
	0	0	0
	0	1	1
	1	0	1
	1	1	1

3. "非门"和"禁门"阀

图 12.25 为"非门"和"禁门"气动逻辑阀结构示意图。

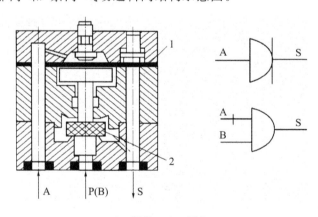

1—膜片　2—阀芯

图 12.25 "非门"和"禁门"阀

图中 A 为信号输入口，S 为信号输出口，中间为 P 口时接气源，此时为"非门"阀。当 A 无信号输入时，阀芯 2 在气源压力作用下紧压在上阀座上，输出端 S 有信号输出；反之，当输入端 A 有输入信号时，作用在膜片 1 上的气压力经阀杆使阀芯 2 向下移动，关闭气源通路，S 口没有输出。也就是说，当 A 口有信号输入时，S 口就没有输出；当 A 口没有信号输入时，S 口就有输出。

若把中间口改接另一输入信号作 B 口时，即成为"禁门"阀。此时当 A、B 均有输入信号时，膜片 1 及阀芯 2 在 A 输入信号作用下，封住 B 口，S 口无输出；当 A 无信号，而 B 有输入信号时，S 口有输出。也就是说，A 的输入信号对 B 的输入信号起"禁止"作用。

"非门"和"禁门"阀的逻辑关系见表 12.3。

表 12.3 "非门"和"禁门"阀逻辑关系

名　称	非　门			禁　门		
逻辑函数	$S=\overline{A}$			$S=\overline{A} \cdot B$		
真值表	A	S		A	B	S
	0	1		0	0	0
	1	0		0	1	1
				1	1	0
				1	0	0

4．"或非"阀

图 12.26 为"或非"气动逻辑阀结构示意图。

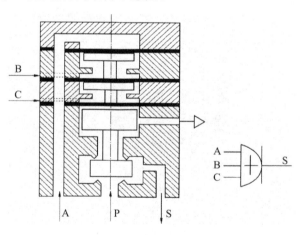

图 12.26　"或非"阀

图中 A、B、C 为三个信号输入口，中间口 P 接气源，S 为信号输出口。当 A、B、C 三个信号输入口均无信号输入时，阀芯在气源压力作用下上移，开启下阀口，接通 P 和 S 口，S 有输出。若三个信号输入口中的任一个或两个或三个有信号输入时，相应膜片在输入信号压力作用下，使阀芯下移，关闭下阀口，切断 P 与 S 口的通路，S 都无输出。

"或非"阀的逻辑关系见表 12.4。

表 12.4 "或非"阀的逻辑关系

名　称	或非门
逻辑函数	$S=\overline{A+B+C}$

A	B	C	S
0	0	0	1
1	0	0	0
0	1	0	0
0	0	1	0
1	1	0	0
1	0	1	0
0	1	1	0
1	1	1	0

真值表见上表。

"或非"阀是一种多功能逻辑阀,用它可以实现"是门"、"或门"、"与门"、"非门"及记忆等各种逻辑功能。

5. "双稳"阀

"双稳"阀具有记忆功能,又称"双记忆"阀。图 12.27 为"双稳"阀的工作原理图。当 A 有输入信号时,阀芯 a 被推向右端,压缩空气由 P 口通至 S_1 口输出;而 S_2 与排气口 O 相通。在信号 A 消除后,阀一直保持这一状态。直到 B 有信号输入,此时"双稳"阀处于一种稳定状态。

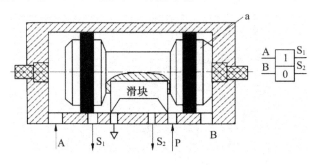

图 12.27 "双稳"阀

当 B 有输入信号时,阀芯 a 被推至左端,此时压缩空气由 P 口至 S_2 口输出;而 S_1 与排气口 O 相通。在信号 B 消除后,阀的这一状态可以一直保持,直到 A 信号到来时才结束。这时"双稳"阀处于另一种稳定状态。

"双稳"阀的逻辑关系见表 12.5。

表 12.5 "双稳"阀的逻辑关系

名　称	双稳阀
逻辑函数	$S_1 = K_b^a$ $S_2 = K_a^b$
真值表	<table><tr><td>A</td><td>B</td><td>S_1</td><td>S_2</td></tr><tr><td>1</td><td>0</td><td>1</td><td>0</td></tr><tr><td>0</td><td>0</td><td>1</td><td>0</td></tr><tr><td>0</td><td>1</td><td>0</td><td>1</td></tr><tr><td>0</td><td>0</td><td>0</td><td>1</td></tr></table>

"双稳"阀的两个信号输入口 A、B 不能同时有输入信号,否则阀的输出是不确定的。

复习与思考

1. 快速排气阀有什么用途？它一般安装在什么位置？
2. 按照或门型梭阀的概念,画出起同样作用的液压阀。
3. 试述"或"、"与"、"非"的概念,画出其逻辑符号。
4. 哪些气动控制阀具有逻辑功能？举例说明。

第十三章　气动基本回路

气动系统由一些具有特定功能的基本回路组成。这些基本回路包括压力控制回路、速度控制回路、气液联动回路、安全保护回路、顺序动作回路等。

第一节　压力控制回路

压力控制回路用于保障气动系统符合规定的工作压力。通过调压阀，可实现各种压力控制。

一、一次压力控制回路

图 13.1 为一次压力控制回路，它用于控制储气罐内的压力，使其不超过规定压力。当储气罐内的压力超过规定压力值时，溢流阀 1 接通，压缩机输出的压缩空气由溢流阀 1 排入大气，使储气罐内的压力保持在规定的范围内。

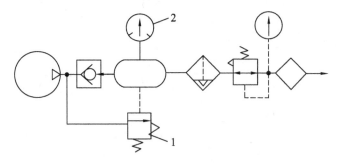

1—外控溢流阀　2—电接点压力表

图 13.1　一次压力控制回路

二、二次压力控制回路

图 13.2 为二次压力控制回路，用于对气源装置输出的压力进行控制。一般通过减压阀进行调节。

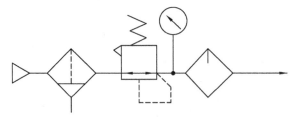

图 13.2　二次压力控制回路

三、提供两种压力的控制回路

当同一个执行元件需要轮流驱动不同负载时,可采用图 13.3 所示的压力控制回路。图中利用二位三通电磁阀的切换功能,控制进入执行元件工作腔中的压力,以达到驱动不同负载的目的。

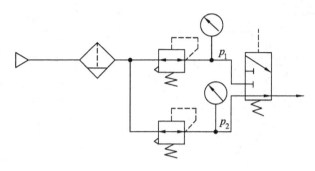

图 13.3 提供两种压力的控制回路

第二节 速度控制回路

与液压传动相比,气压传动有很高的运动速度。但在许多场合,如切削加工和精确定位,不需要执行机构高速运动,这就需要通过控制元件进行速度控制。气动系统所使用的功率都不太大,因而大多采用节流调速。

一、单作用气缸调速回路

图 13.4 为采用单作用气缸的速度控制回路。在图 13.4(a)所示回路中,利用两个单向节流阀对活塞杆的伸出和退回实行速度控制。调节节流阀的开度,就可改变活塞的运动速度。在图 13.4(b)所示回路中,活塞杆伸出时可调速,退回时则通过快速排气阀排气,使气缸快速返回。

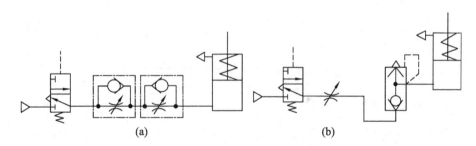

图 13.4 单作用气缸的速度控制回路

二、双作用气缸调速回路

图 13.5 为双作用气缸单向调速回路。图 13.5(a)为进气节流调速回路,当 A 腔进气、B 腔排气时,由于 B 腔气体直接经换向阀快排,B 腔压力很快降至大气压力,随着活塞运动,A 腔也将增大,使进气压力变化很大,容易使气缸产生"爬行"现象,而且当负载方向与运动方

向一致时，B 腔几乎没有阻力，气缸运动容易失控。因此进气节流调速回路一般用于气缸垂直安装的回路中。在气缸水平安装的气路中一般采用图 13.5(b)所示的排气节流调速回路。A 腔进气、B 腔排气时，由于 B 腔气体必须经过节流阀，因而在 B 腔内可以产生与负载相应的背压，在负载保持不变或变动很小的条件下，运动速度比较平稳。调节节流阀的开度，就可控制不同的排气速度。

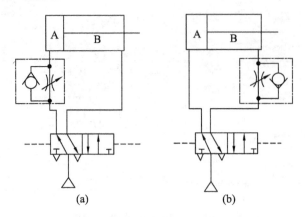

图 13.5　双作用气缸单向调速回路

图 13.6 为双作用气缸双向调速回路，在气缸的进、排气口均装设节流阀。图 13.6(a)为采用单向节流阀的双向调速回路，图 13.6(b)为采用排气节流阀的双向调速回路。

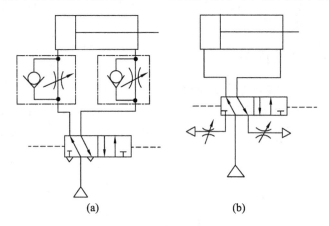

图 13.6　双作用气缸双向调速回路

三、速度换接回路

图 13.7 为速度换接回路，两位两通电磁换向阀与单向节流阀并联，当两位两通阀不通电时，气缸通过单向节流阀排气，在活塞撞块压下行程开关 S 后，行程开关发出电信号让两位两通阀换向，使气缸通过两位两通阀快速排气，从而改变气缸的运动速度。

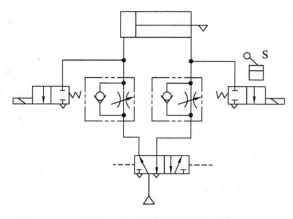

图 13.7 速度换接回路

四、缓冲回路

图 13.8 为缓冲回路,图 13.8(a)是采用单向节流阀的缓冲回路。当活塞向右运动时,缸右腔气体经两位两通行程阀排出,当活塞运动到末端压下行程阀时,右腔气体只能经单向节流阀排出,实现缓冲活塞运动速度。改变行程阀的安装位置,即可改变开始缓冲的位置。

图 13.8(b)是使用顺序阀的缓冲回路,当活塞向左返回到行程末端时,其左腔的压力已经下降到打不开顺序阀 2,剩下的气体只能经节流阀 1 排出,由此活塞得到缓冲。该回路常用于行程长、速度快的场合。

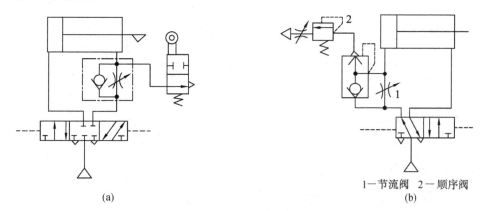

1—节流阀 2—顺序阀

图 13.8 缓冲回路

第三节 气液联动控制回路

气液联动控制回路是以气压作为动力,利用气液转换器或气液缸阻尼把气压传动变成液压传动,从而使执行元件获得更加稳定的运动速度。若采用气液增压缸,还可以得到更大的推力。

一、采用气液转换器的调速回路

图 13.9 为采用气液转换器的调速回路。当压缩空气进入气液转换器 2，气体压力推动活塞将液压油挤出转换器 2，经单向节流阀进入液压缸的有杆腔，无杆腔的液压油经单向节流阀进入气液转换器 1，通过活塞将压缩空气压向大气，液压缸活塞杆退回。通过调节节流阀的开度，即可控制活塞的运动速度。

二、采用气液阻尼缸的调速回路

图 13.10 是利用气液阻尼缸实现调速的回路。图 13.10(a) 为慢进快退调速回路，通过调节单向节流阀的开度，可以调节前进的速度；退回时油液通过单向阀，因而速度较快。高位油杯用于补充因泄漏而损失的油液。图 13.10(b) 可以实现快进—工进—快退的动作顺序。当 K_2 有信号时，五通阀换向，活塞向左运动，液压缸无杆腔的油液通过 a 口进入有杆腔，气缸运动速度较快，处于快进工作状态；当活塞使 a 口关闭后，液压缸无杆腔的油液只能从 b 口经节流阀进入有杆腔，气缸速度下降，进入工作进给状态；当 K_2 信号消失，K_1 有信号时，五通阀换向，活塞向右快速退回。

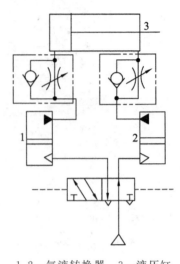

1、2—气液转换器　3—液压缸

图 13.9　采用气液转换器的调速回路

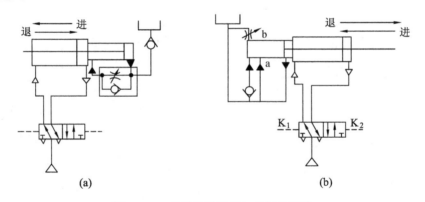

图 13.10　采用气液阻尼缸的调速回路

三、采用气液增压缸的增力回路

图 13.11 是采用气液增压缸的增力回路，它利用气液增压缸 1 将输入的较低压力转变为较高的输出压力，以增加气液缸的输出推力。

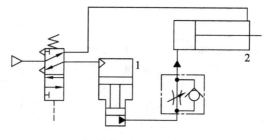

1—气液增压缸　2—气液缸

图 13.11　采用气液增压缸的增压回路

四、采用气液缸的同步回路

图 13.12 是采用气液缸的同步回路。气液缸 A 的无杆腔面积 A_1 与气液缸 B 的有杆腔面积 A_2 相等，液压油被密封在两腔之间的管路中，从而保证两活塞的运动速度相等。回路中的截止阀 1 与放气口相接，用以放掉混入液压油中的空气。

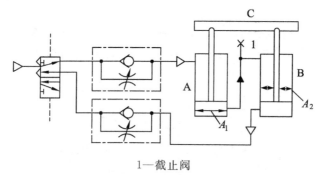

1—截止阀

图 13.12　采用气液缸的同步回路

第四节　安全保护和操作回路

在生产过程中，为保证设备的正常工作和保护操作者的人身安全，常采用安全保护和操作回路。

一、过载保护回路

图 13.15 为过载保护回路。当活塞向右运动中遇到障碍或其他原因而使气缸过载时，气缸左腔压力急剧升高，当超过设定值时，顺序阀 1 被打开，左腔压力经梭阀 2 使主控阀 3 变为右位，气缸左腔气体排入大气，活塞杆收回。

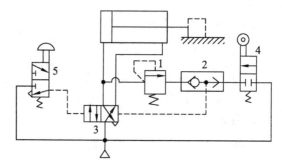

1—顺序阀　2—梭阀　3—主控阀
4—行程阀　5—手动阀

图 13.13　过载保护回路

二、安全回路

图 13.14 为安全回路。在该回路中,主控阀的换向受三个串联的机动换向阀控制,只有三个都接通,主控阀才能换向。

三、双手操作回路

图 13.15 为双手操作回路。图 13.15(a)是使用逻辑"与门"的双手操作回路,只有当两个手动换向阀同时动作时,才能切换主控阀,使活塞向右运动,否则活塞不动,从而对操作人员起了保护作用,这种回路在锻压或成形生产中经常使用。图 13.15(b)是使用三位主控阀的双手操作回路,把此主控阀 1 的信号 A 作为手动阀 2 和 3 的逻辑"与"回路,即只有手动阀 2 和 3 同时动作时,主控阀 1 换向到上位,活塞杆前进;把信号 B 作为手动阀 2 和

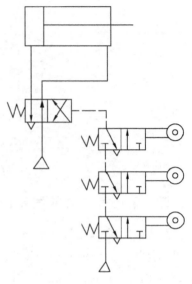

图 13.14 安全回路

3 的逻辑"或非"回路,即当手动阀 2 和 3 同时松开时,主控阀 1 换向到下位,活塞杆返回;若手动阀 2 和 3 中任何一个动作,都将使主控阀 1 复位到中位,活塞杆处于停止状态。

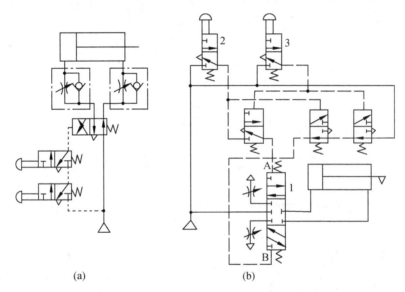

(a)　　　(b)

1—主控阀　2、3—手动阀

图 13.15 双手操作回路

四、互锁回路

为保证只有一个活塞动作,防止各缸的活塞同时动作,可采用如图 13.16 所示的回路。回路中主要利用梭阀 1、2、3 及换向阀 4、5、6 进行互锁。如换向阀 7 被切换,则换向阀 4 也换向,使 A 缸活塞伸出,与此同时 A 缸进气管路的气体使梭阀 1、2 动作,锁住换向阀 5、6。所以此时即使有换向阀 8、9 的信号,B、C 缸也不会动作,如果要改换缸的动作,必须把前动

作缸的气控阀复位才行。

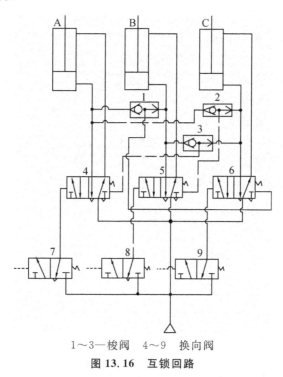

1～3—梭阀　4～9—换向阀
图 13.16　互锁回路

第五节　顺序动作回路

一、单往复控制回路

图 13.17 为三种单往复控制回路。图 13.17(a) 为行程阀控制的单往复回路,按下手动阀后,压缩空气使主阀 3 换向,活塞杆右行,在行程末端装有行程阀,当气缸活塞杆行至末端碰上行程阀 2 后,行程阀换位从而使主阀 3 换向,活塞杆返回。手动阀每动作一次,气缸活塞进行一次往复运动。图 13.17(b) 为压力控制的单往复回路,当气缸左腔压力未达到顺序阀调定的开启压力时,气缸不会返回,当气缸前进到末端时气缸左腔压力最高,开启顺序阀,使阀 3 换向,活塞返回。图 13.17(c) 为时间控制的单往复回路,图中手动阀 1 动作后,主控 3 换向,气缸活塞伸出,碰上行程阀 2 使其换向,延时阀需经一定时间间隔后才发出气控信号,使主控阀 3 换向,活塞返回。

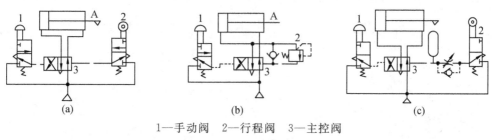

1—手动阀　2—行程阀　3—主控阀
图 13.17　单往复控制回路

二、连续往复动作回路

图 13.18 为连续往复动作回路。当按下手动阀 1 后,气源通过二位二通阀 3 的下位发出控制信号,使主控阀 4 换向,活塞向右前进,这时由于阀 3 复位将阀 4 的气路封闭,使阀 4 不能复位,活塞继续前进。到行程终点压下行程阀 2,使阀 4 控制气路排气,在弹簧作用下阀 4 复位,气缸返回,在终点压下阀 3,阀 4 换向,活塞再次向前,周而复始,形成连续往复动作。待提起手动阀 1 后,阀 4 复位,气缸连续往复动作停止。

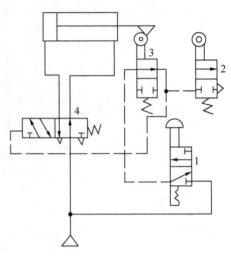

1—手动阀 2—行程阀 3—二位二通阀 4—主控阀

图 13.18 连续往复动作回路

复习与思考

1. 什么叫一次压力控制回路?什么叫二次压力控制回路?
2. 在节流调速系统中,为什么通常采用排气节流调速方法而不采用进气节流调速,试举例说明。
3. 双手操作回路为什么能起保护操作者的作用?
4. 什么叫互锁回路?它起什么作用?
5. 用能量守恒的观点来分析气液增压缸的工作原理。

第十四章 典型气压传动系统

第一节 气动钻床气压传动系统

气动钻床利用气压传动控制来实现进给运动以及送料、夹紧工件、钻孔等动作,可以实现钻孔工序自动化。气动钻床气压传动系统共有三个气缸,如图 14.1 所示,A 缸为送料缸,活塞杆推出时将工件送入;B 缸为夹紧缸,用于夹紧工件;C 缸为钻削缸,用于钻孔。要求的工作循环是:送料→夹紧工件→送料退回并开始钻孔→钻头退回→松开工件。

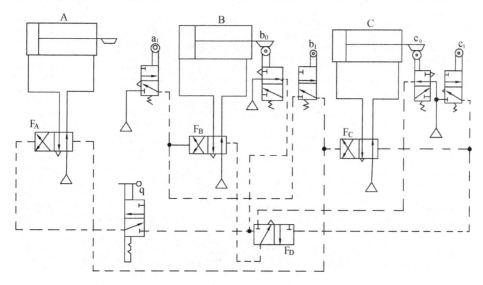

图 14.1 气动钻床气压传动系统

下面对该系统的工作过程进行分析:

1. 送料

将手动阀 q 按下,压缩空气使阀 F_A 换向处于左位,并进入缸 A 的左腔使活塞伸出,把工件推入加工位置。

2. 夹紧工件

当缸 A 活塞杆上的挡块压下行程阀 a_1 后,压缩空气使阀 F_B 换向处于左位,并进入夹紧缸 B 的左腔,推动活塞杆伸出,夹紧工件。

3. 进行钻孔并将送料缸退回

当缸 B 活塞杆上的挡块压下行程阀 b_1 后,压缩空气使阀 F_C 换向处于左位,并进入钻削缸 C 的左腔,推动活塞杆伸出,进行钻孔。同时,压缩空气使阀 F_A 换向处于右位,并进入缸 A 的右腔,使活塞缩回,送料缸返回原位。

4. 钻头退回

当钻削完成,缸 C 活塞杆上的挡块压下行程阀 c_1 后,压缩空气使阀 F_C 处于右位,并进入缸 C 右腔,从而使钻削缸活塞退回,同时使阀 F_D 换向处于右位。

5. 松开工件

当缸 C 活塞杆上的挡块压下行程阀 c_0 时,压缩空气使阀 F_B 换向处于右位,并进入缸 B 右腔,使活塞缩回,夹紧缸松开工件,从而完成一个工作循环。

第二节 气动机械手气压传动系统

机械手是自动生产设备和自动生产线上的重要装置,它可根据生产工艺要求,按照预定的控制程序动作,如自动取料、上料、卸料、自动换刀等。气动机械手具有结构简单、动作迅速、平稳可靠、不污染工作环境等优点,在要求工作环境洁净、工作负载较小的无线电元器件生产中应用尤其广泛。

图 14.2 所示为一种气动机械手的结构示意图,它由夹紧缸 A、长臂伸缩缸 B、立柱伸降缸 C、回转缸 D 等组成。要求该机械手的工作过程是:立柱下降→伸臂→夹紧工件→缩臂→立柱顺时针回转→立柱上升→放开工件→立柱逆时针回转。

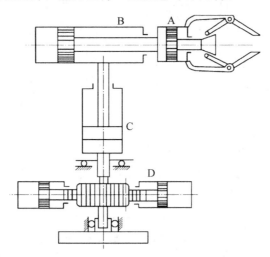

图 14.2 气动机械手结构示意图

图 14.3 为气动机械手气压传动系统的工作原理图。下面来分析它的工作过程:

按下启动阀 q,主控阀 C 处于左位,压缩空气进入缸 C 右腔,活塞杆缩回,立柱下降。

当缸 C 活塞杆上的挡块压下行程阀 c_0,使行程阀 c_0 换向处于上位,压缩空气经阀 c_0 使阀 B 换向处于左位,并进入缸 B 左腔,活塞杆带动长臂伸出准备夹持工件。

当缸 B 活塞杆上的挡块压下行程阀 b_1,使行程阀 b_1 换向处于上位,压缩空气经阀 b_1 使阀 A 换向处于左位,并进入缸 A 右腔,活塞杆缩回,带动夹具将工件夹紧。

当缸 A 活塞杆上的挡块压下行程阀 a_0,使行程阀 a_0 换向处于上位,压缩空气经阀 a_0 使阀 B 换向处于右位,并进入缸 B 右腔,活塞杆带动长臂及夹持的工件缩回。

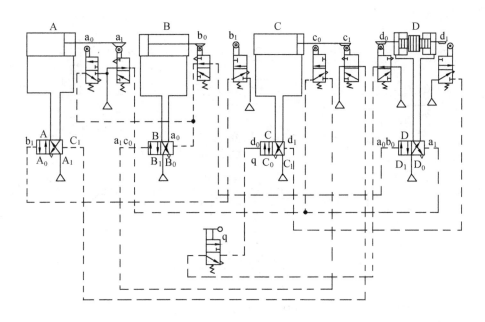

图 14.3 气动机械手气压传动系统

当缸 B 活塞杆上的挡块压下行程阀 b_0,使行程阀 b_0 换向处于上位,压缩空气经阀 a_0 上位、阀 b_0 上位使阀 D 换向处于左位,并进入缸 D 左腔,使缸 D 活塞向右运动,通过与活塞相连的齿条带动齿轮使立柱做顺时针回转。

当缸 D 活塞杆上的挡块压下行程阀 d_1,使行程阀 d_1 换向处于上位,压缩空气经阀 d_1 上位使阀 C 换向处于右位,并进入缸 C 左腔,使缸 C 活塞杆升出,立柱上升。

当缸 C 活塞杆上的挡块压下行程阀 c_1,使行程阀 c_1 换向处于上位,压缩空气经阀 c_1 使阀 A 换向处于右位,并进入缸 A 左腔,活塞杆伸出,将工件放开。

当缸 A 活塞杆上的挡块压下行程阀 a_1,使行程阀 a_1 换向处于上位,压缩空气经阀 a_1 使阀 D 换向处于右位,并进入缸 D 右腔,使缸 D 活塞向左运动,通过与活塞相连的齿条带动齿轮使立柱做逆时针回转,从而完成一个工作循环。

第三节 数控加工中心气动换刀系统

图 14.4 所示为数控加工中心气动换刀系统原理图,该系统在换刀过程中实现主轴定位、主轴松刀、拔刀、向主轴锥孔吹气和插刀动作。表 14.1 给出了该系统的电磁铁动作顺序表。

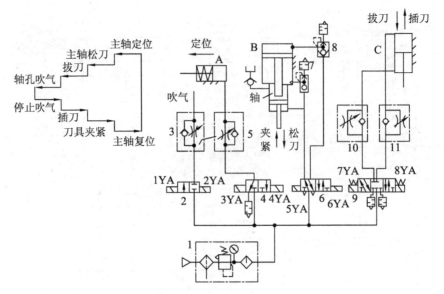

1—气动三联件　2—二位二通换向阀　3、5、10、11—单向节流阀　4—二位三通换向阀
6—二位五通换向阀　8—快速排气阀　9—三位五通换向阀

图 14.4　数控加工中心气动换刀系统原理图

表 14.1　电磁铁动作顺序表

工况	电磁铁							
	1YA	2YA	3YA	4YA	5YA	6YA	7YA	8YA
主轴定位				+				
主轴松刀		−		+		+		
拔刀				+		+		+
主轴锥孔吹气	+			+		+		+
吹气停	−	+		+		+		+
插刀				+		+	+	−
刀具夹紧				+	+	−		
主轴复位			+	−				

其工作原理为：当数控系统发出换刀指令时，主轴停止旋转，同时4YA通电，压缩空气经气动三联件1→换向阀4→单向节流阀5→主轴定位缸A的右腔→缸A活塞左移，使主轴自动定位。定位后压下无触点开关，使6YA通电，压缩空气经换向阀6→快速排气阀8→气压增压缸B的上腔→增压缸的高压油使活塞伸出，实现主轴松刀，同时使8YA通电，压缩空气经换向阀9→单向节流阀11→缸C的上腔，缸C下腔排气，活塞下移实现拔刀。由回转刀库交换刀具，同时1YA通电，压缩空气经换向阀2→单向节流阀3向主轴锥孔吹气。稍后1YA断电、2YA通电，停止吹气。8YA断电、7YA通电，压缩空气经换向阀9→单向节流阀10→缸C下腔→活塞上移，实现插刀动作。6YA断电、5YA通电，压缩空气经换向

阀 6→气液增压缸 B 的下腔→活塞返回,主轴的机械机构使刀具夹紧。4YA 断电、3YA 通电,缸 A 的活塞在弹簧力作用下复位,恢复到开始状态,换刀结束。

复习与思考

1. 试述气动钻床的用途和工作原理。
2. 试述气动机械手的用途和工作原理。

附录
常用液压与气动元件图形符号

（摘自 GB/T 786·1—1993）

符号要素、管路

名称	符号	名称	符号
工作管路	———	液压	▶
控制管路	- - - - -	气动	▷
组合元件框线	—·—·—	能量转换元件	○
连接管路	┴ ┼	测量仪表	○
交叉管路	┼	控制元件	□
柔性管路	⌣	调节器件	◇

控制机构和控制方法

名称		符号	名称		符号
机械控制	单向滚轮式		压力控制	加压或卸压	
	顶杆式			内部	
	弹簧式			外部	
	滚轮式		先导控制	电反馈	
电气控制	单作用电磁铁			液压(加压)	
	双作用电磁铁			液压(卸压)	
人力控制	按钮式			气压(加压)	
	手柄式			电-液(加压)	
	踏板式			电-气(加压)	

泵、马达和缸

名称		符号	名称		符号
定量泵	单向		摆动马达		
	双向		单作用缸	单活塞杆缸	
变量泵	单向			伸缩缸	
	双向		双作用缸	单活塞杆缸	
定量马达	单向			双活塞杆缸	
	双向			可调缓冲缸（双向、单向）	
变量马达	单向			伸缩缸	
	双向		增压器		

控制元件

名称	符号	名称	符号
直动型溢流阀		直动型减压阀	
先导型溢流阀		先导型减压阀	
先导型比例电磁式溢流阀		溢流减压型	
双向溢流阀		定差减压阀	
先导型电磁溢流阀		直动型顺序阀	
		先导型顺序阀	
卸荷溢流阀		直动型卸荷阀	
单向顺序阀		或门型梭阀	
不可调节流阀		与门型梭阀	
可调节流阀		快速排气阀	
单向节流阀		单向阀	

续表

名称	符号	名称	符号
截止阀		液控单向阀	
减速阀		液压锁	
带消声器节流阀		二位两通换向阀	
调速阀		二位三通换向阀	
温度补偿型调速阀		二位四通换向阀	
旁通型调速阀		二位五通换向阀	
单向调速阀		三位四通换向阀	
分流阀		三位六通换向阀	
集流阀		四通节流型换向阀	
分流集流阀		四通电液伺服阀	

辅助元件

名称	符号	名称	符号
过滤器		压力计	
带磁性滤芯过滤器		温度计	
带污染指示过滤器		液位计	
分水排水器 （人工排出、自动排出）		流量计	
空气过滤器 （人工排出、自动排出）		转速仪	
空气干燥器		转矩仪	
油雾器		冷却器	
气源调节装置		加热器	
消声器		快换接头 （带单向阀、不带单向阀）	
压力继电器		旋转接头 （三通路）	
行程开关		液压源	

续表

名称	符号	名称	符号
通大气式油箱		气压源	
通大气式油箱（带空气滤清器）		电动机	
		原动机	
密闭式油箱		气罐	
蓄能器		气-液转换器	

参 考 文 献

[1] 袁承训. 液压与气压传动(第二版). 北京:机械工业出版社,2011.
[2] 马振福. 液压与气压传动(高职类). 北京:机械工业出版社,2011.
[3] 陈金艳. 液压与气压传动(高职类). 北京:机械工业出版社,2011.
[4] 孙如军. 液压与气动传动. 北京:清华大学出版社,2011.
[5] 刘延俊. 液压与气压传动. 北京:机械工业出版社,2010.
[6] 张福臣. 液压与气压传动(高职类). 北京:机械工业出版社,2010.
[7] 滕文建. 液压与气压传动. 北京:北京大学出版社,2010.
[8] 宋军民,周晓峰. 液压传动与气动技术. 北京:中国劳动社会保障出版社,2009.
[9] 胡世超. 液压与气动技术. 郑州:郑州大学出版社,2008.
[10] 潮兴淮. 液压与气压传动. 合肥:安徽科学技术出版社,2008.
[11] 王守城. 液压与气压传动. 北京:北京大学出版社,2008.
[12] 左健民. 液压与气压传动(第四版). 北京:机械工业出版社,2007.
[13] 肖珑. 液压与气压传动技术. 西安:西安电子科技大学出版社,2007.
[14] 邹建华,吴定智,许晓明. 液压与气动技术基础. 武汉:华中科技大学出版社,2006.
[15] 张红友. 液压与气动技术(第二版). 大连:大连理工大学出版社,2006.
[16] 许贤良. 液压传动. 北京:国防工业出版社,2006.
[17] 王晓方. 液压与气动技术. 北京:中国轻工业出版社,2006.